マンガ経営戦略全史

The Comic Guide to
50 Giants of Strategy:
Positioning, Capability
and Innovation

三谷宏治——作者
星井博文——劇本
飛高翔——插畫
趙鴻龍——翻譯

經營戰略史堪稱是定位學派與能力學派間的「百年戰爭」

經營戰略的歷史錯綜複雜，各種不同起源的學派百家爭鳴。雖然面對的企業經營問題複雜難解，但每種學派的本質萬變不離其宗，各自擁有不同的潛力，若能融會貫通，必定成為企業最有力的武器。本書將協助各位讀者找到最合適的企業經營方針。

這幾十年來的經營戰略歷史，用最簡單的一句話來形容，就是「源自一九六〇年代的定位學派，直到八〇年代仍具有壓倒性優勢，後來則由能力（組織、人員、流程等）學派居上風」。定位學派是由知名的麥可・波特（１９４７～，哈佛商學院）領頭，百家爭鳴的能力學派則以傑恩・巴尼（１９５４～，俄亥俄州立大學）為代表。

定位學派強調外部環境的重要性，只要在可獲利的市場占據最有利的位置，就能立於不敗之地；能力學派則認為內部環境更為重要，企業只要專精擅長的領域，就能脫穎而出。再加上兩學派相互較勁，分別駁斥對方的戰略理論會使企業喪失競爭力，可見這兩種學派之間的戰鬥，就宛如永無止境、沒有真正贏家的英法百年戰爭。

Introduction

本書的結構和閱讀方式

本系列套書大致按照時間順序，劃分為兩冊。

確立篇…追溯二十世紀初的三大經營戰略源流。從一九五〇年代近代管理學開創，七〇～八〇年代定位學派稱霸，直到八〇年代中期能力學派的崛起。

革新篇…一九九〇年代後期定位學派展開反擊、二〇〇〇年登場的結構學派、二〇〇五年以後的戰略論，以及適應型策略的定義和實際情況。

本書聚焦各學派思想的主要人物，針對這些大師的想法、功績、成就等一一介紹，內容大致按照原作《經營戰略全史》，以幽默的漫畫手法來呈現正文，並在各節的最後附上文章摘要。

因此本書可以成為各位讀者的——

- **教科書**…一覽經營戰略論的發展歷程
- **百科全書**…了解各個感興趣的項目資訊
- **故事書**…欣賞經營戰略理論的誕生和進化過程

經過筆者本人親身體會，我向各位保證，之前已經學習過這些內容的讀者，也能藉由本書挖掘不同的觀點，學習新知。

本書一開始會先帶各位回到一九九五年以前，請讀者盡情觀賞這齣由五十位經營戰略大師領銜演出的冒險強檔鉅片，期望大家能夠享受這趟充實的知識之旅。

＊本書登場人物的年齡，可能會與實際記載相差一年。
＊書中提及的書籍，其出版日期比照前作標示。

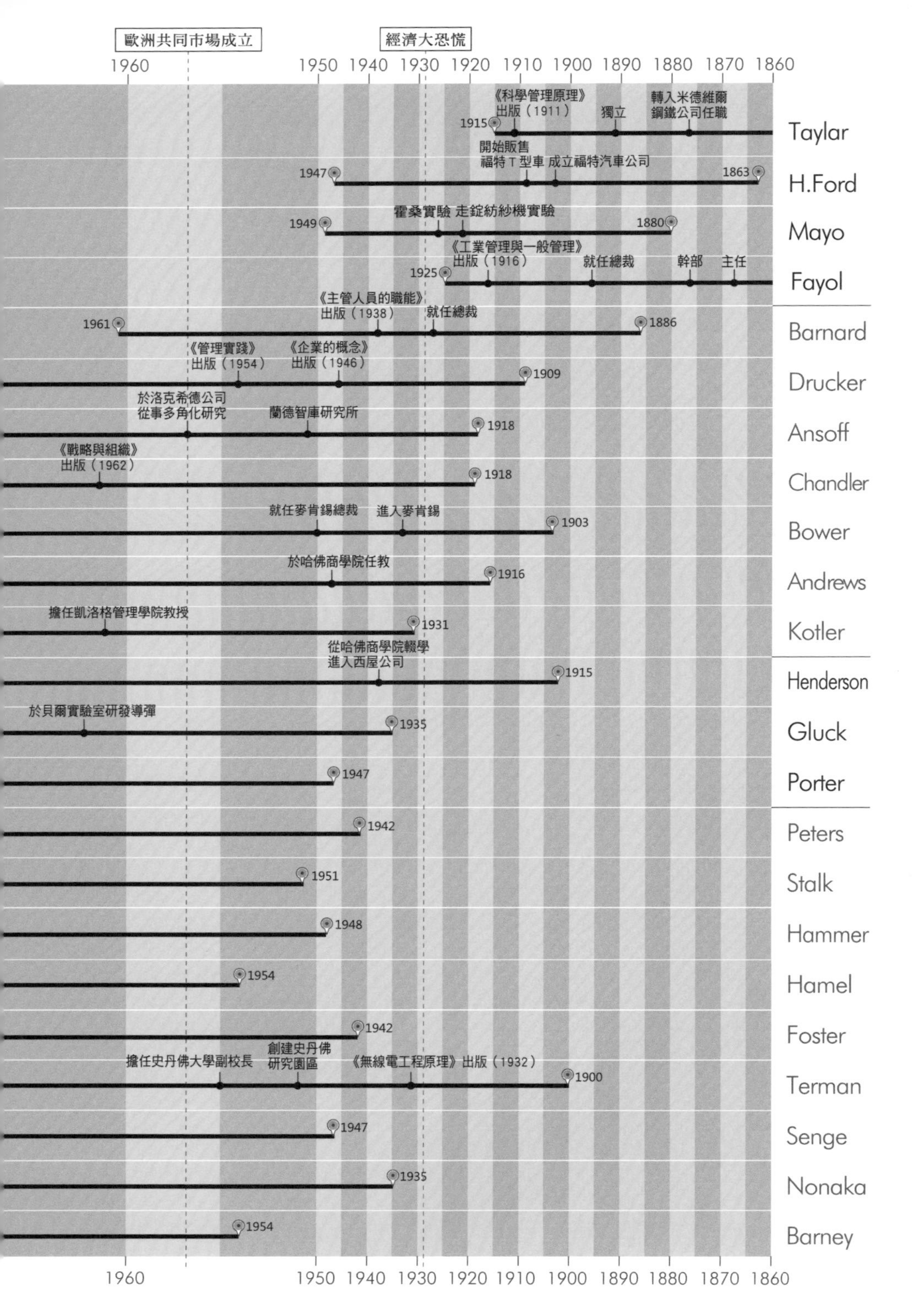

歐洲共同市場成立
經濟大恐慌
1960
1950
1940
1930
1920
1910
1900
1890
1880
1870
1860
Taylar
《科學管理原理》
出版（1911）
獨立
轉入米德維爾
鋼鐵公司任職
1915
H.Ford
開始販售
福特 T 型車
成立福特汽車公司
1947
1863
Mayo
霍桑實驗
走錠紡紗機實驗
1949
1880
Fayol
《工業管理與一般管理》
出版（1916）
就任總裁
幹部
主任
1925
Barnard
《主管人員的職能》
出版（1938）
就任總裁
1961
1886
Drucker
《管理實踐》
出版（1954）
《企業的概念》
出版（1946）
1909
Ansoff
於洛克希德公司
從事多角化研究
蘭德智庫研究所
1918
Chandler
《戰略與組織》
出版（1962）
1918
Bower
就任麥肯錫總裁
進入麥肯錫
1903
Andrews
於哈佛商學院任教
1916
Kotler
擔任凱洛格管理學院教授
1931
Henderson
從哈佛商學院輟學
進入西屋公司
1915
Gluck
於貝爾實驗室研發導彈
1935
Porter
1947
Peters
1942
Stalk
1951
Hammer
1948
Hamel
1954
Foster
1942
Terman
擔任史丹佛大學副校長
創建史丹佛
研究園區
《無線電工程原理》出版（1932）
1900
Senge
1947
Nonaka
1935
Barney
1954

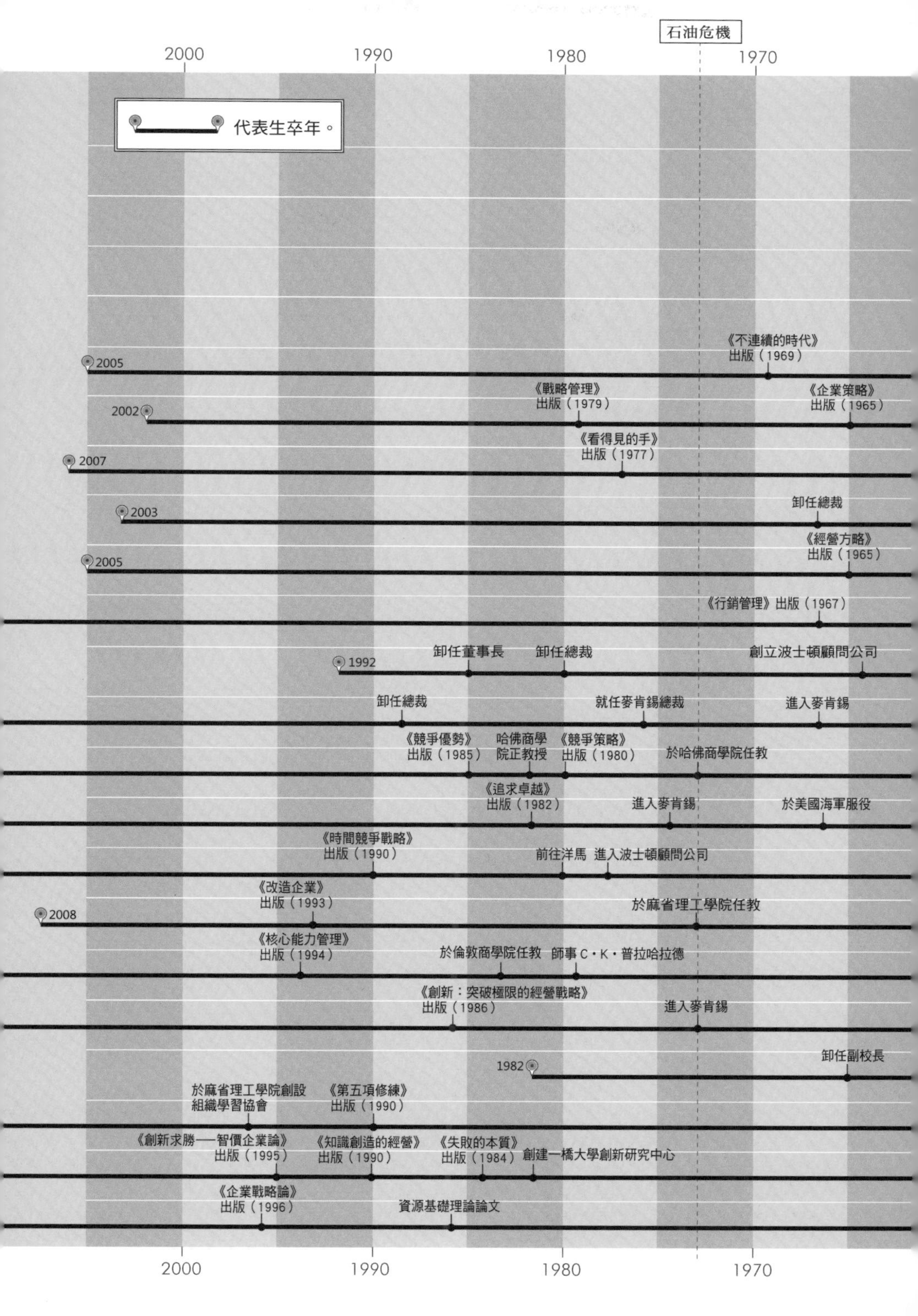

石油危機
2000
1990
1980
1970
代表生卒年。
2005
《不連續的時代》出版（1969）
2002
《戰略管理》出版（1979）
《企業策略》出版（1965）
2007
《看得見的手》出版（1977）
2003
卸任總裁
2005
《經營方略》出版（1965）
《行銷管理》出版（1967）
1992
卸任董事長
卸任總裁
創立波士頓顧問公司
卸任總裁
就任麥肯錫總裁
進入麥肯錫
《競爭優勢》出版（1985）
哈佛商學院正教授
《競爭策略》出版（1980）
於哈佛商學院任教
《追求卓越》出版（1982）
進入麥肯錫
於美國海軍服役
《時間競爭戰略》出版（1990）
前往洋馬
進入波士頓顧問公司
《改造企業》出版（1993）
2008
於麻省理工學院任教
《核心能力管理》出版（1994）
於倫敦商學院任教
師事C・K・普拉哈拉德
《創新：突破極限的經營戰略》出版（1986）
進入麥肯錫
1982
卸任副校長
於麻省理工學院創設組織學習協會
《第五項修練》出版（1990）
《創新求勝──智價企業論》出版（1995）
《知識創造的經營》出版（1990）
《失敗的本質》出版（1984）
創建一橋大學創新研究中心
《企業戰略論》出版（1996）
資源基礎理論論文
2000
1990
1980
1970

目錄

前言　確立篇　002

年表　004

第1章　近代管理學的三大源流　011

大師們的下午茶1
科學管理之父泰勒和人際關係學說始祖梅堯……012

「科學管理」誕生——弗雷德里克・泰勒……015

「富裕大眾」的催生者——亨利・福特……023

「人際關係學說」的始祖——艾爾頓・梅堯 033

「程序」建構企業的整體——亨利・費堯 043

第2章 近代管理學的創建 049

大師們的下午茶2 經營戰略之父安索夫與首位企業史學家錢德勒 050

「經濟大恐慌」的考驗——切斯特・巴納德 053

「管理學」的傳教士——彼得・杜拉克 059

「經營戰略」的真正推手——伊格爾・安索夫 067

「組織」跟隨「戰略」——阿爾弗雷德・錢德勒 077

奠定現代管理顧問的麥肯錫之父——馬文・鮑爾……087

大師們的下午茶3
戰略規畫之父安德魯與定位學派龍頭波特……093

戰略就是「藝術」——肯尼斯・安德魯……095

當代「行銷管理」之父——菲利浦・科特勒……105

第3章
定位學派的大躍進

113

大師們的下午茶4
麥肯錫公司的建構者鮑爾和波士頓公司的創立者亨德森……114

「時間、競爭、資源分配」三大躍進——布魯斯・亨德森……117

麥肯錫公司的反擊——弗雷德里克・葛拉克 129
「定位學派」的龍頭——麥可・波特 137

第4章 能力學派群雄割據 145

大師們的下午茶5 《追求卓越》的作者彼得斯和《時間競爭戰略》的作者史托克 146
「莽撞」又「無謀」的日本企業——佳能與本田 149
成功企業的「7S」祕訣——湯姆・彼得斯 161
豎立學習「標竿」重振全錄雄風——羅伯特・坎普 167
與「時間」競爭——喬治・史托克 175

自我衰敗的「企業再造」——麥可・哈默 183
掌握「核心」才能成長——蓋瑞・哈默爾 189
麥肯錫公司引領的「創新」潮流——理查・佛斯特 195
一手打造「企業家」的搖籃——弗雷德里克・特曼 201
團隊引領學習——彼得・聖吉和野中郁次郎 209
「能力學派」的龍頭登場——傑恩・巴尼 215
確立篇重點整理　征服經營戰略這座高山 223
本書主要登場人物 226

第1章

近代管理學的三大源流

科學管理之父 泰勒和
人際關係學說始祖 梅堯

梅堯

午安，泰勒前輩！

泰勒

哦哦，是梅堯啊，好久不見。
聽說你最近做了一個有趣的實驗，居然不厭其煩地和2萬名工廠員工進行訪談呢。

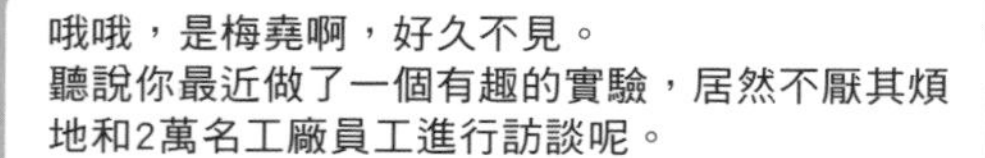

梅堯

沒錯，這真是一項浩大工程呢。
原先只是想驗證泰勒前輩提出的「科學管理」理論，卻總是得不到預期的結果，有些心急了啊。

泰勒

不要緊，我的提高生產率研究，起初只是找了4 位搬運生鐵塊的工人來做實驗（1898）。後來才發現光靠「搬得越多、賺得越多」的方式並不管用，所有人都因為拼命工作而累壞了。

梅堯

除了工資以外，您還試了哪些方法？

泰勒

我在研究鐵鍬作業時，發現「每次鏟 21磅」是最適合的工作量。
比較重的礦石，就使用小型鐵鍬；比較輕的煤灰，則用大型鐵鍬來搬運。並且針對工人鏟鐵砂的速度、距離、倒掉鐵砂的時間等條件，最後設計出 8 種不同的鐵鍬。雖然全程都用碼錶計時，但這項實驗多達 600 人，也著實耗費我一番工夫呢。

梅堯

聽說您為了這項實驗，還特地成立企畫部來執行吧。

泰勒

是啊，不過多虧事先制定改善計畫，作業成本也跟著減至一半以下。
由此可見，計畫和管理非常重要，不但可以壓低商品得價格，還能提高工資，這樣不是一舉兩得嗎？而且當時的工廠環境非常嚴酷，資本家只憑經驗和直覺來經營企業，就連搬運量也都靠目測來計算，所以經常引發管理者和勞工對立的問題。

梅堯

泰勒前輩的「科學管理」，就是制定一套公平的標準，讓勞資雙方都能受益的管理方法吧。

泰勒

沒錯！
基本上就是先訂定每項作業的內容，再根據員工的工作效率調整薪資。不過，你的實驗結果卻反映出管理不光只有如此，對吧？

人際關係學說，誕生！

梅堯

您說的沒錯。
當時紡織工廠（1923）不但生產效率低，每年離職率高達250%（每月21%）。但是無論我怎麼改善工作環境，也無法提高生產效率；就算環境變得惡劣，生產效率也不會降低呢……。

泰勒

還真是奇怪，那你查到原因出在哪嗎？

梅堯

我想是人際關係吧。
後來嘗試讓作業員彼此討論，自行決定休息的順序，管理者也聽聽員工的意見。這麼調整下來，不僅生產率提升了，離職率也降至趨近於零喔。

泰勒

哦～聽說你還做了另一個實驗，好像叫霍桑實驗吧？

梅堯

是啊，這個實驗是從 100 位員工中挑選出 6 人，觀察他們組裝電機零件的工作效率。再針對泰勒前輩提出的勞動條件，像是工資、休息時間、點心、房間溫度及溼度等等，做各種調整，看看是否會對工作產生影響。當然啦，生產效率會隨著環境條件改善而提升，可是就算勞動條件變差……。

泰勒

生產效率還是很高？

梅堯

確實如此。
這些女工本來就很優秀，能力又是從上百人之中精挑細選，
因此工作幹勁相當高昂。
所以我們才無法看出工作效率和勞動條件之間的關聯性。

泰勒

那麼一開始提到的 2 萬人，實驗結果又是如何？

梅堯

原本計劃按照每位作業員的勞動條件分類，由我們這些研究員一一訪談。
不過後來考慮到這對現場經理也是一種不錯的訓練，所以就改由經理負責執行，
也改採自由談話，不侷限對談主題。
結果，報告書就變成厚厚的一本聊天集了⋯⋯。

泰勒

這樣不就很難分析了嘛！

梅堯

恰恰相反，所有作業員的生產效率反而明顯提升。
這是因為員工能夠從聊天中發現自己的問題，並且獲得解決；工廠經理
也在聆聽的過程中培養領袖素質，也從中獲得相關資訊。
可見對話是非常重要的一環呢。

再見了，合理的經濟人

泰勒

換句話說，人類其實不是我們想像中那種單純的「合理的經濟人」？

梅堯

我也這麼認為。
人類會尋求群體之間的連帶關係，行為也會受情感影響，或許應該稱
為「社會人」、「情緒人」才是。現在也不同於泰勒前輩的年代，物質
生活變得更加富裕。最近（1927年左右）職場女性也開始燙起頭髮，
男性也穿著襯衫，打起領帶上班了呢。

泰勒

接下來人類又會變得怎麼樣了呢？⋯⋯

01 Taylor
02 Ford
03 Mayo
04 Fayol
05 Barnard
06 Drucker
07 Ansoff
08 Chandler
09 Bower
10 Andrews
11 Kotler
12 Henderson
13 Gluck
14 Porter
15 Canon-Honda
16 Peters
17 Bmarking-Robert
18 Stalk
19 Hammer
20 Hamel-Prahalad
21 Foster
22 Terman
23 Senge-Nonaka
24 Barney

「科學管理」誕生

弗雷德里克·泰勒

- 就讀哈佛大學法律系，後因眼疾輟學
- 19歲 成為幫浦工廠的學徒，致力於提升工廠的生產效率
- 35歲 獨立創業，改善許多企業的制度
- 55歲 出版《科學管理原理》

1856年，
出生於美國費城的
弗雷德里克・泰勒，
是將科學管理觀念導入工廠的先驅。
弗雷德里克・泰勒
Frederick Taylor
（1856～1915）

工業革命帶來時代的變革，
從都市到工廠，
到了夜晚，
依舊燈火通明。
晚上也很亮，真好～

泰勒雖然考上
哈佛大學法律系，
卻因為眼疾，
不得不中斷學業。
老師我看不見黑板

19歲時進入
幫浦工廠，
擔任現場
作業員；
22歲進入
米德維爾
鋼鐵公司，
擔任機械技師。

當時的管理階層
擁有很大的權力，
經常把工作
推給作業員，
上班時間總有
一群人偷懶。
哈哈哈哈
那些人又在偷懶了

喂！
泰勒！
工作
別那麼
認真！
逼近

少在那邊給我出鋒頭，
隨便做做樣子就好！
氣勢
反正再怎麼努力，領的錢還不是一樣！
洶洶
知知道了……
扔
現場總是彌漫一股「努力工作反而造成別人困擾」的氛圍。

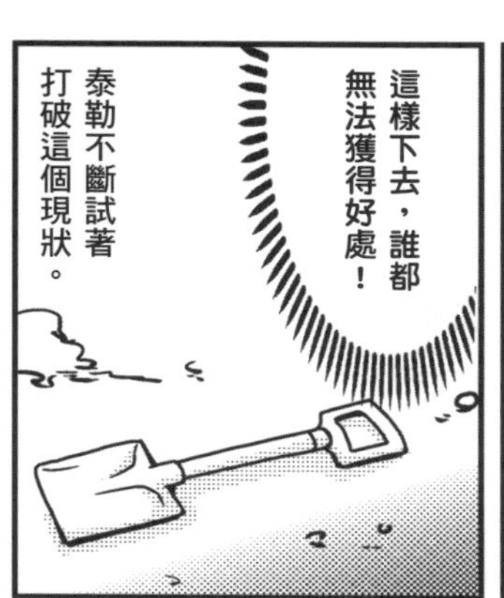
這樣下去，誰都無法獲得好處！
泰勒不斷試著打破這個現狀。

終於，讓他大展身手的機會降臨了。
像你這麼優秀的人，請務必到我們公司一展長才。
600人的部門全交由你負責！
您…
您是說600人嗎？

這或許是打破現狀的大好機會。
我知道了！就交給我吧！
緊張緊張

隨後泰勒展開各種實驗和研究。
鏗鏘
鏘鏘
鏘

那個叫泰勒的傢伙到底在做什麼啊？
從剛才就一直寫東西
誰知道啊？
搞不懂書呆子的想法。
靈機一動

他認為，生產數不能再採取過去的目測方式計算。
唰唰唰唰

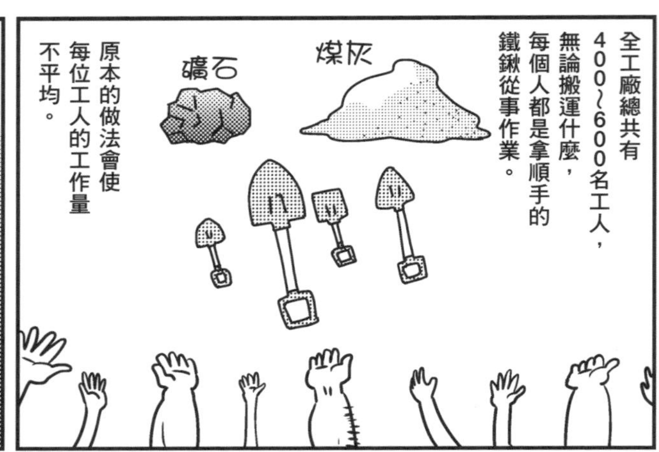
全工廠總共有400～600名工人，
無論搬運什麼，
每個人都是拿順手的鐵鍬從事作業。
煤灰
礦石
原本的做法會使每位工人的工作量不平均。

必須計算出最合適的作業量。
我寫我寫
寫寫寫

完成了！
我真是天才！
泰勒研究鐵鍬作業，將計畫、管理、業務等所有項目都一一整理出來。

什麼…
你要我準備8種鐵鍬？
要用來幹嘛呢？
嚇！

提升生產效率！
握拳

欸…
認真的？
自信滿滿
當然

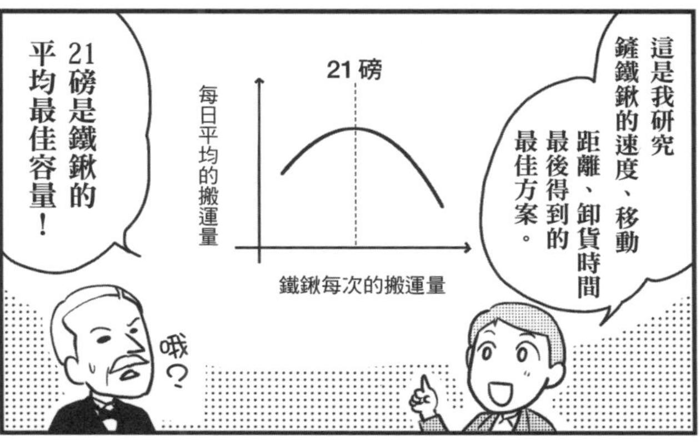

最後的成果，
讓眾人都很滿意。

成績亮眼！

每人每日平均工作量
16公噸→59公噸 3.7倍

每人平均工資
$1.15→$1.88 ＋63%

生產量平均成本
（每10公噸）
72美分→32美分 －56%

如何！

唔—
請您相信我

我知道了，
就讓你試一次吧。
太感謝您了！
在泰勒的提議下，
公司大刀闊斧改革。

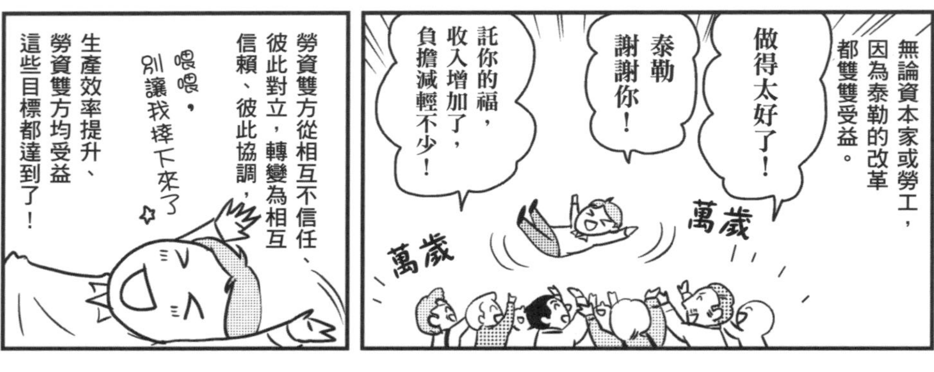

無論資本家或勞工，因為泰勒的改革都雙雙受益。
做得太好了！
泰勒謝謝你！
託你的福，收入增加了，負擔減輕不少！
萬歲
萬歲
勞資雙方從相互不信任、彼此對立，轉變為相互信賴、彼此協調，
喂喂，別讓我摔下來了
生產效率提升、勞資雙方均受益這些目標都達到了！

泰勒後來也協助許多企業改制，致力於提升勞工工資。
這部分是重點！
哦哦

泰勒獨自創業後，仍致力向大眾傳達「提升工資」、「讓員工充分發揮能力，成為第一流的工人」，以及「管理的目的是創造勞資最大利益」這些觀念。
這也是重點！

1911年，55歲的泰勒完成《科學管理原理》一書。

The Principles of Scientific Management
Frederick Winslow Taylor

隆重推出

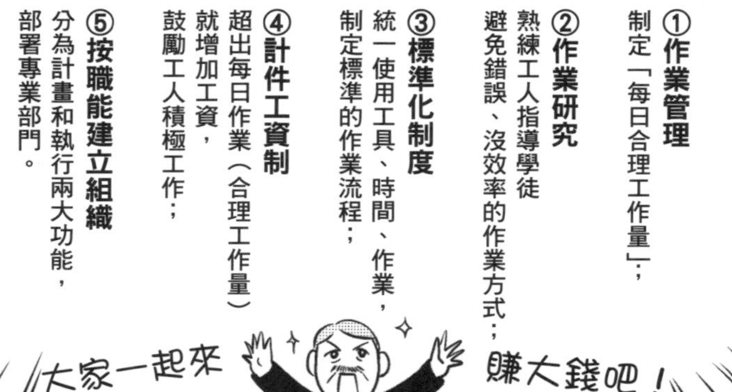

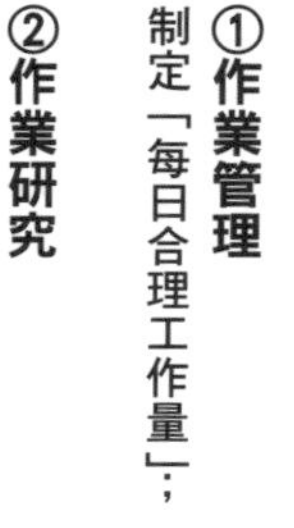

資方只把科學管理
當成提升勞動生產率的工具，
沒有和勞工共享利益。
嘿嘿嘿…

勞工也反對導入科學管理，
紛紛成立工會，與資方抗衡。
給我們應得的酬勞！
No!
No!

這股反彈聲浪
也延燒至泰勒身上。
你就是始作俑者！
分離計畫、管理、現場，
挑撥勞資關係！
不要跑！
打著科學之名、
壓榨勞工！
這是誤會！
No!
No!
No!

為什麼會
變成這樣…

將來一定有人
能夠實現我心目中的
理想世界……。
泰勒抱持這樣的信念，
在1915年鬱鬱而終，
享年59歲。
等著看吧！
ドドドドド

源流① 泰勒提出「科學管理」理論

01 工業革命和青年泰勒的煩惱

- 經營戰略的歷史，是從距今約一百年前的**弗雷德里克・泰勒**（Frederick Taylor，1856～1915）開始說起。泰勒堪稱是所有管理學學派的始祖。
- 至今約一百年前，英國發生工業革命。這段期間，不僅紡織業和製鐵技術都獲得長足發展，新的運輸工具如火車、蒸汽船，也隨著詹姆斯・瓦特（James Watt，1763～1819）改良蒸汽機而誕生。此時德國是產業發展的重鎮，後來這波改革擴展至美國，在湯瑪斯・愛迪生（Thomas Edison，1847～1931）的發明之下，電燈開始普及，夜晚的都市和工廠也顯得生氣蓬勃。
- 然而，工廠內卻充斥著怠惰、不信任、恐懼的氛圍。年輕時期的泰勒親眼目睹這些現象，並對此感到憂心不已，心中暗暗發誓總有一天要改變這一切，否則勞工和資本家將會面臨雙輸的局面。

02 泰勒提出「科學管理」，成功使生產率直線上升

- 泰勒為了提升現場的生產效率，從事各式各樣的實驗和研究。比方使用碼錶計算作業時間，以量尺測量移動距離。所有的工作不再採用過去的「目測方式」（rule of thumb method），而是經仔細計算後才進行分配。
- 在伯利恆鋼鐵公司研究鐵鍬作業時，泰勒了解到計畫和管理業務的重要性。公司按照他提出的改革方案執行，結果每位工人的作業量竟然提升3.7倍，每日平均工資也提高到63%，每公噸的生產成本更削減至一半以下。這讓勞資雙方獲益良多。
- 泰勒後來更取得多項專利，35歲後獨立創業。他不僅幫助多家企業重整，更致力於提升勞工的工資。而泰勒在55歲時出版的著作《科學管理原理》（1911），正是這些成果的集大成之作，堪稱勞資雙贏的指南。

03 雖然兼顧生產率和提升工資……

- 可是，資方這邊卻失控了。資本家只把泰勒的科學管理當成提高勞動生產率的工具，不願與勞方分享利潤。勞工因此對科學管理深惡痛絕，紛紛打著「拒絕導入科學管理」的口號，相繼成立工會。
- 同時，泰勒提出的理論前提 ──勞工會為了報酬而工作（經濟動機），也開始崩解。從便宜的福特T型車即可見一斑。

「富裕大眾」的催生者

亨利·福特

- 16歲 擔任機械學徒，後來成為工程師
- 33歲 開始製造汽車
- 40歲 成立福特汽車，5年後開始販售T型車

亨利・福特開發的汽車，
以家庭年收入的八分之一便宜販售，
堪稱是「富裕大眾」的催生者。
亨利・福特
Henry Ford
（1863～1947）

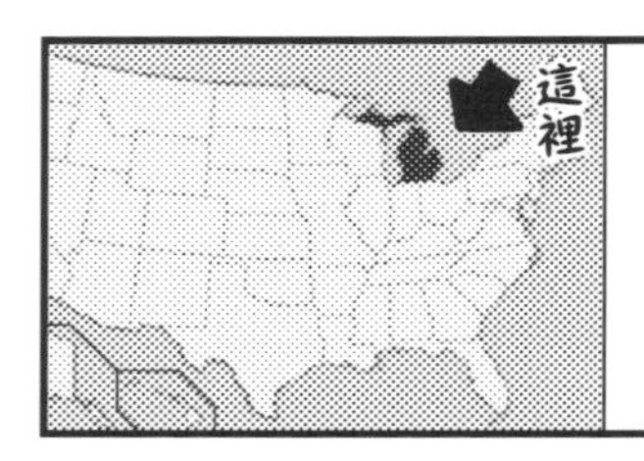
1863年，
這位傳奇企業家
出生在美國
密西根州的農場。
這裡

叩叩
叩叩

哇
哦哦！
好厲害！
是汽車耶！
叩叩叩叩
1885年，
德國企業
戴姆勒－賓士
發明了
汽油動力車。

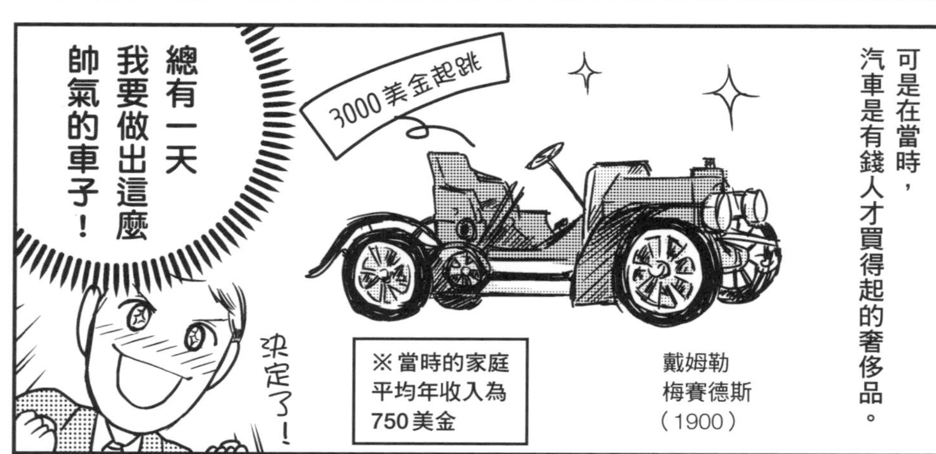
可是在當時，
汽車是有錢人才買得起的奢侈品。
3000美金起跳
戴姆勒
梅賽德斯
（1900）
※當時的家庭
平均年收入為
750美金
總有一天
我要做出這麼
帥氣的車子！
決定了！

1903年，40歲的福特成立福特汽車公司。
Ford
FORD MOTOR COMPANY
ドーン
戴姆勒・賓士要價3000美金，一般人根本只能看著展示車歎氣！
我希望能夠讓普羅大眾都買得起汽車！
ドドーン
福特決定研發一般大眾都能買得起的平價汽車。

他不斷進行測試，
歷經A、C、F、K型車等多次失敗，最後，終於在N型車取得成功。
C型
A型
鏗鏘
F型
鏗鏘
N型
K型
鏗鏘
鏗鏘

這樣還是不行！
龐然大物
嗚哇！
車體還必須做得更小才行！
我到底在幹嘛！
努力不懈的研究之下，

終於研發出福特T型車。
亮麗登場
完成了！
我不行了
受夠了

1908年，以950美金的價格開始販售。
$950

費盡千辛萬苦才走到這一步。
終於開始販售了。
…

還是不行！
我們的車還是太貴了！
欸欸！

還要壓低價格？
現在已經比別家公司便宜好幾成呀！
$950

美國幅員廣闊，
咦

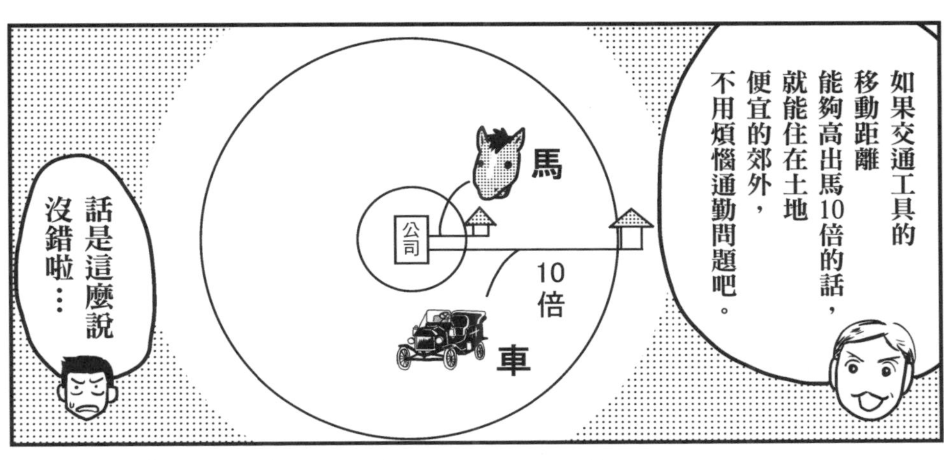
如果交通工具的移動距離能夠高出馬10倍的話，就能住在土地便宜的郊外，不用煩惱通勤問題吧。
馬
公司
10倍
車
話是這麼說沒錯啦…

所以！價格仍有改善空間，必須再壓低價格，這樣一般大眾都能負擔得起！
目標是降低售價！
閃亮
認真的嗎…
福特有著非常遠大的夢想。

為了生產出低成本、高品質的汽車，福特充分分析「作業的時間與動作」，同時也導入「作業標準化、通用性」的生產流程。
與泰勒的科學管理如出一轍！

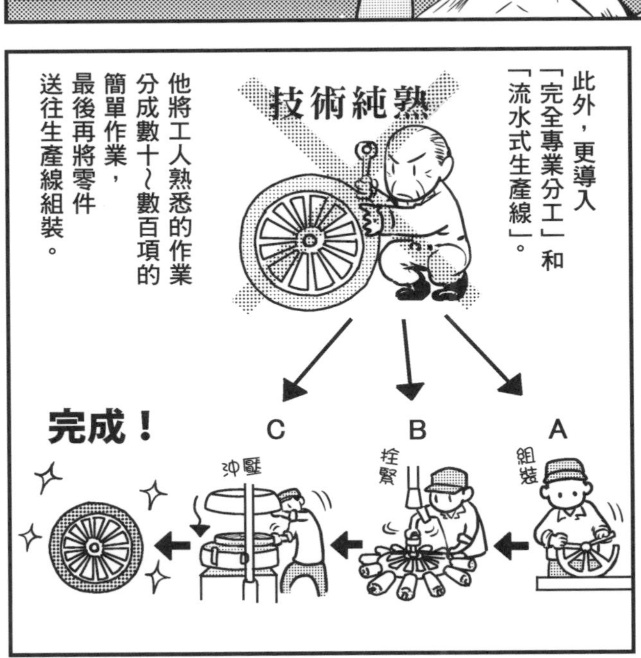
此外，更導入「完全專業分工」和「流水式生產線」。
技術純熟
他將工人熟悉的作業分成數十~數百項的簡單作業，最後再將零件送往生產線組裝。
A
組裝
B
拴緊
C
沖壓
完成！

福特汽車導入有效率的量產系統，價格開始逐年下降。

1925年 1908年

$260 ← $950

這使得福特T型車的價格只需家庭年收入（2000美金）的八分之一，成為新的大眾交通工具。
噗噗噗噗
噗噗噗噗

最近路上出現不少福特車呢。
噗噗噗

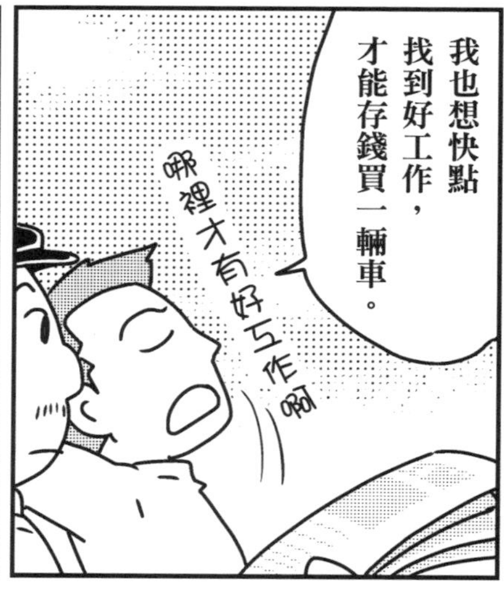

我也想快點找到好工作，才能存錢買一輛車。
哪裡才有好工作啊

聽說福特公司的薪水很不錯喔。
什麼？

一天只要工作8小時，日薪就有5美金。
採三班制
真的嗎？
這樣夫妻加起來，年收入不就有3000美金了嗎！
你看

我要去福特公司！
還要買一輛福特車！

由於待遇優渥，美國各地的求職者蜂擁而至。
Ford
工作機會
我也要！
喔喔喔喔喔喔喔喔喔

話說回來，福特為什麼能夠以優渥待遇傭用員工呢？

這是因為福特有其獨特的經營理念。

我願意付給員工較多的薪水。
真的嗎？這人真了不起！

身為一名企業家，應該要以「付給員工優渥薪水」作為己任。

工資動機高於利潤動機

服務大眾的精神

在場的各位想不想過好日子！

噢噢

！

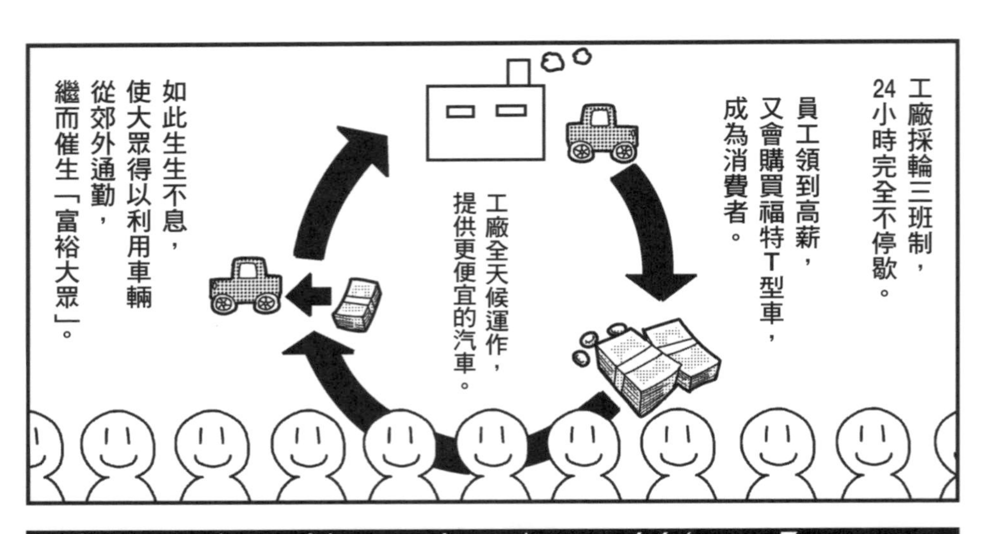

工廠採輪三班制，
24小時完全不停歇。
員工領到高薪，
又會購買福特T型車，
成為消費者。
工廠全天候運作，
提供更便宜的汽車。
如此生生不息，
使大眾得以利用車輛
從郊外通勤，
繼而催生「富裕大眾」。

這個看似牢不可破的循環，竟出現意想不到的發展 ピキッ

福特工廠的員工，
每天不斷重複
機械式工作，
最後終於
按捺不住情緒，
破口大罵。
福特的環境
太苛刻了…
工作過於制式化

今天也有
許多員工
辭職不幹了。

我的做法…
究竟
哪裡有問題…

福特在催生
「富裕大眾」的同時，
卻也遭遇社會
（以及自家公司）
「經濟動機的極限」。
下一篇介紹的梅堯，
正是成功突破
這個經濟瓶頸的大師。

催生「富裕大眾」的福特主義

01

福特T型車的衝擊，催生「富裕大眾」

- 出生於美國密西根州農場的亨利·福特（Henry Ford，1863～1947），堪稱催生出「富裕大眾」的始祖。
- 德國的戴姆勒－賓士公司，於1885年發明汽油動力車，可是售價高達3000美金。當時美國家庭的平均年收入約為750美金。
- 經過幾番波折，福特終於在1903年創立了福特汽車公司，並從1908年開始販售福特T型車，售價訂為950美金。在激烈的市場競爭之下，福特汽車不僅以便宜好幾成的價格販售，品質也深受大眾信賴，售價更在1925年降至260美金。
- 汽車的價格便宜、移動距離為馬車的10倍，進而催生出居住在土地便宜的郊外，通勤至都市工廠上班的「富裕大眾」。

02

福特生產系統：實現泰勒理想的究極作業流程

- 福特的生產系統，成功在T型車上實現高效率、低成本的目標。這和泰勒透過「分析作業的時間與動作」，實現「標準化和通用性」的科學管理理念不謀而合。
- 福特還加入「完全專業分工」和「流水生產線」的生產方式。他將工人的作業分成幾十～幾百項簡單作業，再將零件集中送往輸送帶。子生產線上完成的零件，最後都會送到主生產線同步組裝，中間不允許出現停滯。

03

福特期許企業付給員工「優渥的薪水」

- 以當時的時空背景來看，福特「服務大眾」和「工資動機高於利潤動機」的經營理念獨樹一幟。他認為身為一名企業家，應該要以「付給員工優渥薪水」為己任，因此在福特公司上班的員工，都擁有傲視全美國企業的優渥待遇。
- 美國各地不少求職者慕名而來。福特的員工又成為福特T型車的顧客，如此循環生生不息，形成一連串龐大的供需鏈。

04

簡單的作業，壓垮富裕大眾的最後一根稻草

- 然而，輿論卻開始出現「福特的工作環境非常嚴苛」的聲音，許多新進員工還在試用期就離職了。這個情景和查理·卓別林在電影《摩登時代》（1936）中的劇情如出一轍。諷刺的是，福特在營造「富裕大眾」的同時，卻遭遇社會（和自家公司）「經濟動機的極限」。
- 澳洲的艾爾頓·梅堯，提倡以人為本的科學管理方式，相關內容將會在下一篇說明。

01 Taylor
02 Ford

03 Mayo
04 Fayol
05 Barnard
06 Drucker
07 Ansoff
08 Chandler
09 Bower
10 Andrews
11 Kotler
12 Henderson
13 Gluck
14 Porter
15 Canon-Honda
16 Peters
17 Bmarking-Robert
18 Stalk
19 Hammer
20 Hamel-Prahalad
21 Foster
22 Terman
23 Senge-Nonaka
24 Barney

「人際關係學說」的始祖

艾爾頓·梅堯

- 31歲　擔任醫學、邏輯學、哲學教授
- 42歲　移居美國，從事「紡織部門實驗」
- 進入哈佛商學院，參與「霍桑實驗」，創立「人際關係學說」

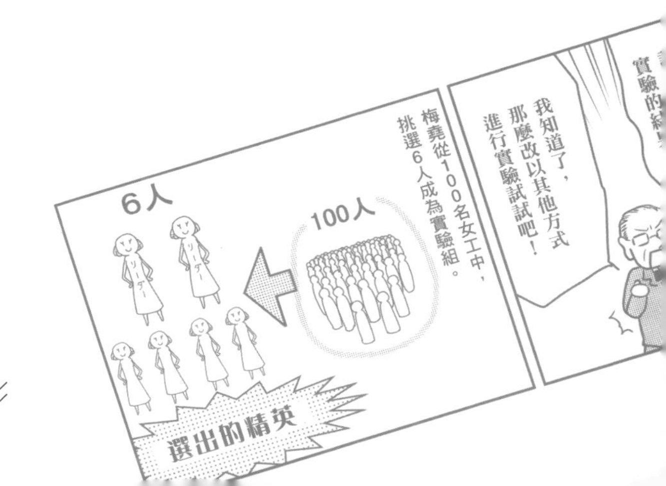

1880年，艾爾頓・梅堯出生在澳洲阿得雷德當地的醫師家族裡。
他提出「人類是社會一分子」的新穎概念。
喬治・艾爾頓・梅堯
George Elton Mayo
（1880～1949）

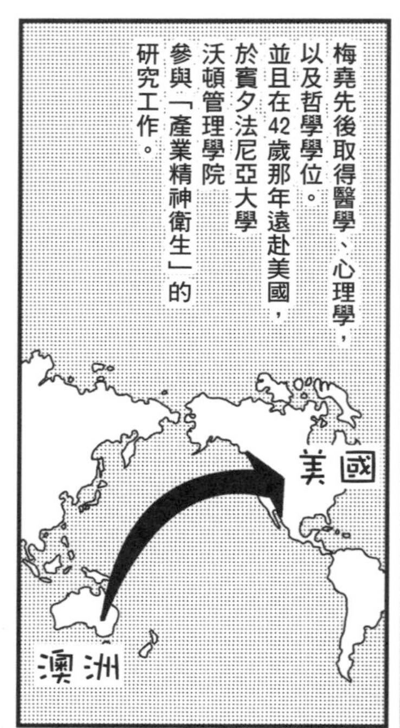
梅堯先後取得醫學、心理學，以及哲學學位。
並且在42歲那年遠赴美國，於賓夕法尼亞大學沃頓管理學院參與「產業精神衛生」的研究工作。
美國
澳洲

1923年
梅堯教授，能請您親自去一趟費城的紡織工廠嗎？聽說那裡出了一點麻煩。
沒問題。
43歲

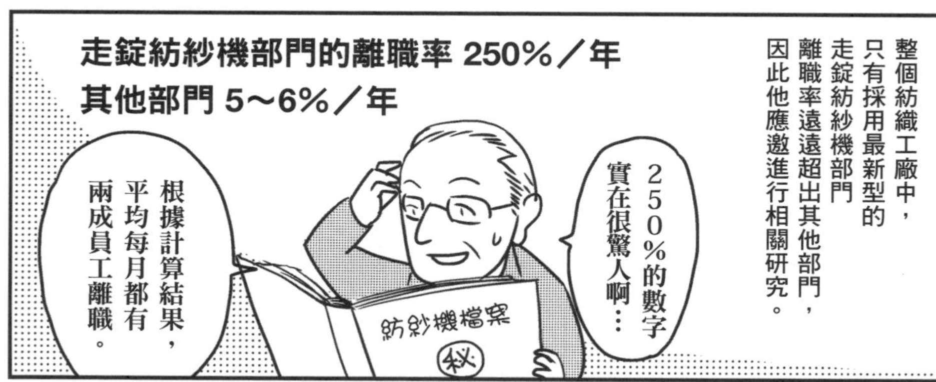
整個紡織工廠中，只有採用最新型的走錠紡紗機部門離職率遠遠超出其他部門，因此他應邀進行相關研究。
走錠紡紗機部門的離職率 250%／年
其他部門 5～6%／年
250%的數字實在很驚人啊⋯
根據計算結果，平均每月都有兩成員工離職。
紡紗機檔案
秘

紡織廠

我想離職率居高不下，可能是因為工作既「簡單」又「無趣」，對工作產生倦怠感。
是這樣嗎？
該如何是好？
手足無措

建議不妨從增加員工的休息時間這方面來著手。
知道了！立刻去辦！

梅堯的提議不僅受到採納，也付諸執行。
大家請到這邊集合！
什麼事啊？
才工作到一半耶
喧嘩
吵吵鬧鬧
嘰嘰喳喳

請大家一起思考要採用哪種休息方式，才能營造出良好的工作環境。
什麼？
沒問題嗎？

這樣比較好
那樣也不錯
竊竊私語
啊！不如這樣！

大家討論過後，決定以一次10分鐘、每天4次的頻率輪番休息！
真的可以嗎？
休息這麼久…
生產效率會受到影響吧…

幾個月後——
結果出爐了！

在梅堯的提議下，離職率大幅降低至一年5%左右，生產率也有所提升。
走錠紡紗機
紡織部門離職率
250%→5%
改善
生產率UP
ドド！
好厲害!!

不愧是梅堯教授，短短的休息時間，就大大減少員工的不滿！
真的是非常感謝您！
…

果真如此嗎…？應該還有其他因素造成離職率降低吧…

下班後喝一杯吧！
我知道一間不錯的店，一起慶祝狂歡
…

1927年，梅堯進入哈佛大學的工商管理學院。他帶領學生和研究員，在西方電器公司的霍桑工廠進行一系列心理學實驗。
什麼？

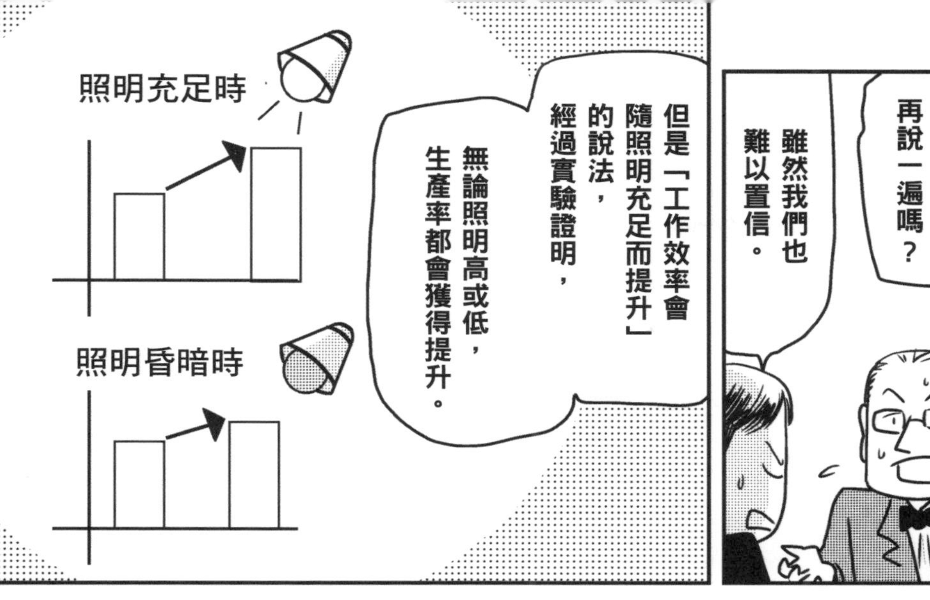
您可以再說一遍嗎？
雖然我們也難以置信。
但是「工作效率會隨照明充足而提升」的說法，經過實驗證明，
無論照明高或低，生產率都會獲得提升。
照明充足時
照明昏暗時

這結果不是和泰勒的「科學管理」背道而馳嗎？
還不光是這樣…

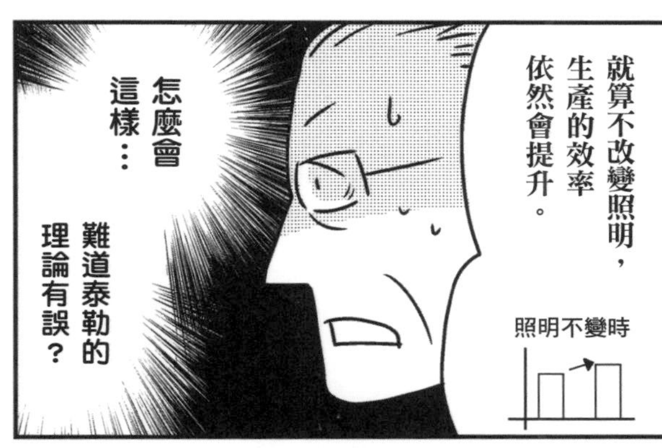
就算不改變照明，生產的效率依然會提升。
照明不變時
怎麼會這樣…
難道泰勒的理論有誤？

我們也不知道該怎麼解釋實驗的結果…
我知道了，那麼改以其他方式進行實驗試試吧！

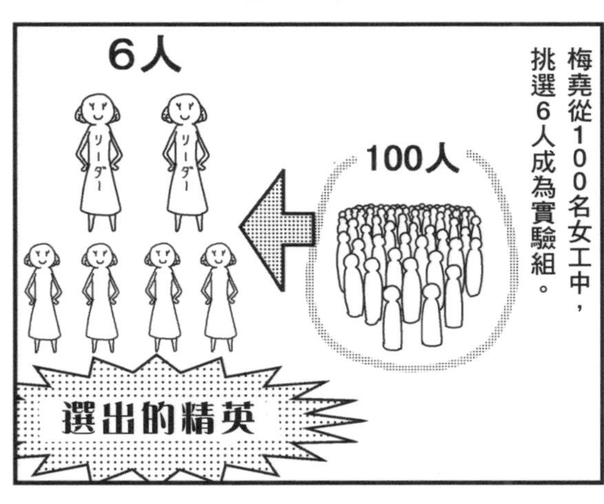
梅堯從100名女工中，挑選6人成為實驗組。
6人
100人
リーダー
リーダー
選出的精英

他試著改變各種勞動條件，研究實驗組的生產效率會出現什麼樣的變化。
工資
點心供應
環境溫度
18℃
35℃
休息時間
這是對我們的考驗！
バッバババッ
無論勞動條件如何改變，生產效率依然維持在高標。精挑細選的6人賭上自尊心，一一突破所有難題。
提升
生產率
這真是出乎意料…

既然如此，不如直接向工廠所有人問個明白！

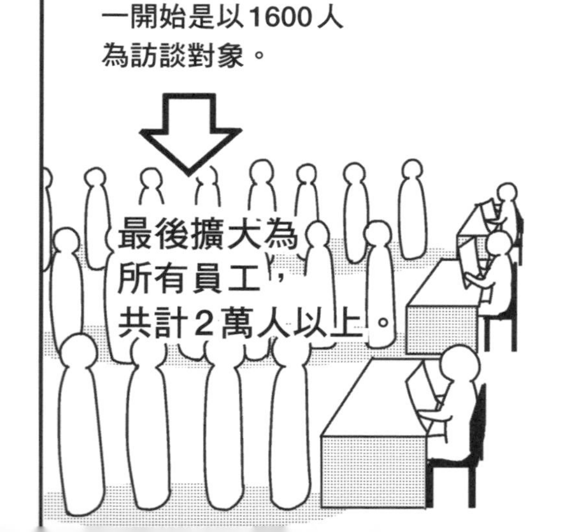

1928年，梅堯針對員工展開大規模的訪談。
一開始是以1600人為訪談對象。
最後擴大為所有員工，共計2萬人以上。

原先也設定好題目，
一對一進行訪談。
待遇再提高一些如何？
這不是廢話？我當然也想啊！
調查中途
改由現場經理接手，
訪談也慢慢變成不限主題，
如聊天般的自由談話。

訪談報告出爐！
丟下!!
騙人的吧…

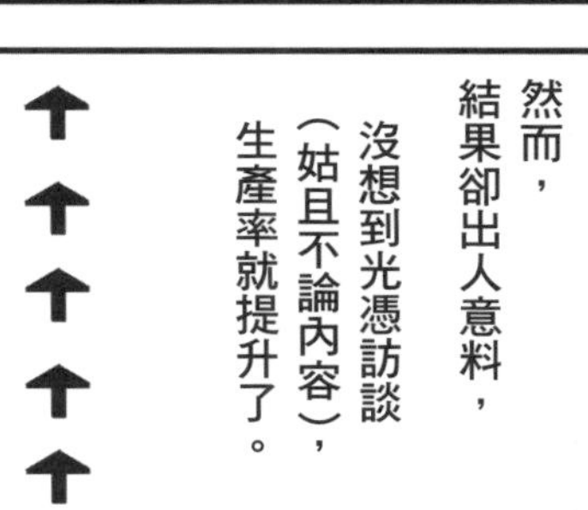
然而，
結果卻出人意料，
沒想到光憑訪談
（姑且不論內容），
生產率就提升了。

這是怎麼回事？
完全摸不著頭緒…
這恐怕是…

員工透過對話，
了解到對公司的不滿
是不是只是自己
認知上的錯誤。
現場經理也在傾聽過程中，
充分掌握部下的狀況，
不但即時做出因應，
自己也能從中獲得成長。
我的結論
如下…

・比起經濟方面的報酬，
人類更重視社會欲望的滿足

・人類不會做出理性行為，多半會受到情感左右

・比起官方（正式）組織，人類較容易受到非官方（非正式）組織的影響（例如職場派系、關係良好的團體）

・客觀來看，比起工作環境的優劣，人類的工作動力較容易受到職場人際關係的影響（例如與上司或同事之間的交情）

這就表示以後想要提升生產率，
不僅成本和效率，就連員工的心情也都要一併考慮進來嗎？
成本、效率
＋
人性情感
就是這麼回事。
哇！好麻煩！

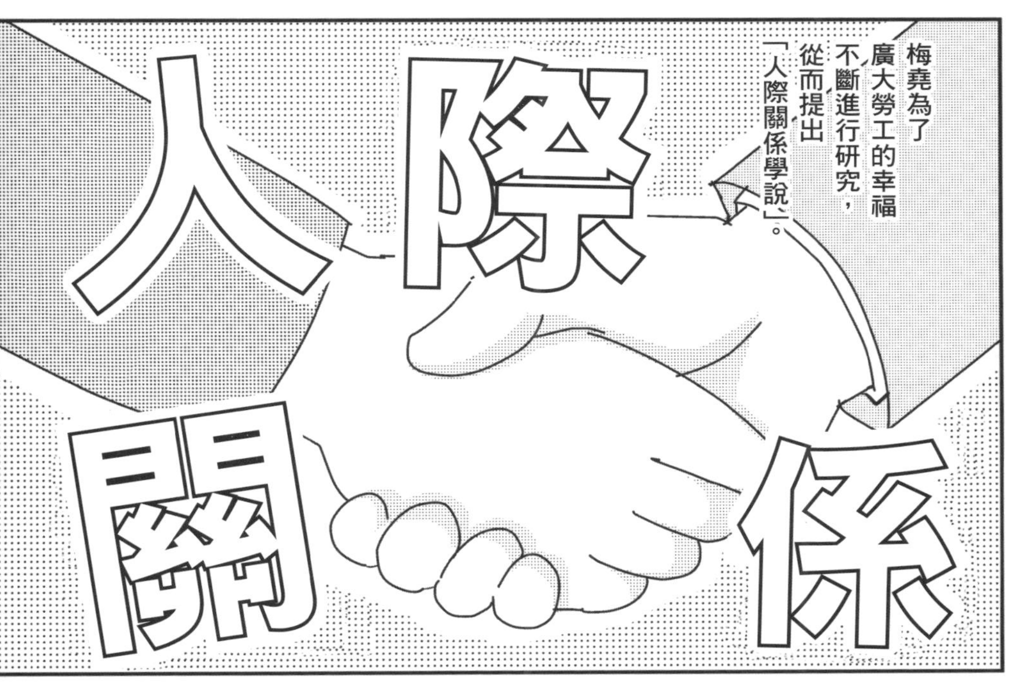
梅堯為了廣大勞工的幸福不斷進行研究，從而提出「人際關係學說」。
人際關係

我們現在熟知的動機研究、領導力研究、諮詢研究、提案制度，以及小集團活動等等，都是根據梅堯主張的「人際關係學說（管理法）」發展而來。
過去有幸學習心理學和哲學真是太好了♪
梅堯在67歲退休，畢生作育無數英才。

源流② 梅堯發現「人類是社會的一分子」

1927～30年的霍桑實驗：績效和勞動環境無關！

- 艾爾頓・梅堯（George Elton Mayo，1880～1949），出生在澳洲阿得雷德的醫生世家。他專攻醫學、邏輯學、哲學，31歲開始在大學任教，42歲移居美國，於賓夕法尼亞大學的沃頓管理學院貢獻己長。
- 梅堯後來應邀進入哈佛商學院（HBS），1927年帶領研究人員在西方電器公司的霍桑工廠進行實驗。他從組裝繼電器的100名女性員工中，挑選出6人作為實驗組。然而，無論**工資、休息時間、點心、環境溫溼度如何改變，實驗組的生產效率仍然相當卓越**。這是因為這幾位優秀員工賭上自尊和團體榮譽，才能克服種種難關（工資、工作環境等勞動條件）。
- 1928～30年，梅堯進行大規模的訪談。儘管訪談對象為全工廠超過2萬名的員工，最後卻出現超乎預期的成果 ——沒想到**光憑訪談（暫且不論內容），生產率就有所提升**。員工透過對話，了解自己對公司的不滿是否為單方面的認知錯誤；現場經理也在傾聽過程中，充分掌握部下的狀況並加以因應，領導能力獲得提升。

梅堯的結論：比起勞動條件，人際關係更影響員工的工作動力

- 綜合實驗結果，梅堯做出以下結論 ——人際關係才是影響工作動力的主要因素，而非工資的多寡。
  - 比起經濟方面的報酬，人類更重視社會欲望的滿足
  - 人類不會做出理性行為，多半受情感影響
  - 比起官方組織，人類更容易受到非官方組織（職場派系或關係良好團體）的影響
  - 客觀來看，比起工作環境優劣，人類的工作動力更容易受到職場人際關係（上司或同事之間）的影響。
- 自此之後，企業的生產效率問題變得更加錯綜複雜，不但要顧及成本和效率，就連員工的情感也必須兼顧。

生活水準提升，人類從「經濟人」轉變為「社會人」

- 並非泰勒的科學管理學說有誤，只不過是大眾逐漸變得衣食無虞，轉為注重生活品質的「社會人」罷了。
- 為了廣大勞工的幸福，梅堯和弟子羅斯里士柏格等人一起建構出「人際關係學說」。不僅創造出「工業社會學」這門社會學分支，也透過「行為科學」構成各式各樣的應用科學。我們現在熟知的**動機研究、領導力研究、諮詢研究、提案制度、小集團活動等等，皆是從梅堯提倡的「人際關係學說（管理法）」發展而來**。

01 Taylor
02 Ford
03 Mayo
04 Fayol
05 Barnard
06 Drucker
07 Ansoff
08 Chandler
09 Bower
10 Andrews
11 Kotler
12 Henderson
13 Gluck
14 Porter
15 Canon-Honda
16 Peters
17 Bmarking-Robert
18 Stalk
19 Hammer
20 Hamel-Prahalad
21 Foster
22 Terman
23 Senge-Nonaka
24 Barney

「程序」建構企業的整體

亨利·費堯

- 19歲 畢業於法國高等礦業學校
  25歲 成為總工程師
- 31歲 擔任採礦部門經理
  37歲 進入管理階層
- 47歲 成為公司總經理，任期長達30年
- 75歲 出版《工業管理與一般管理》，
  33年後譯為英文版廣為流傳

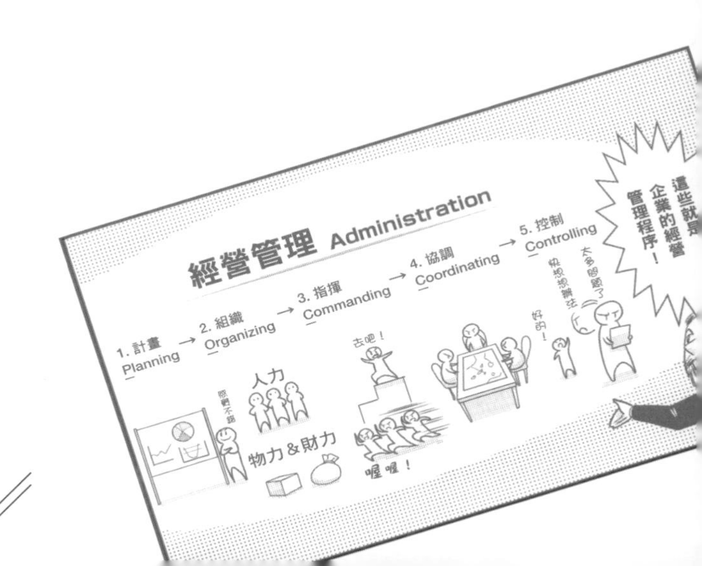

※亨利・費堯是由法語名Henri Fayol音譯而來。

1916年，費堯將幾十年來的經營心得，匯整成《工業管理與一般管理》一書。
他將企業必須具備的活動分類整理為六大項。
ドーン
ADMINISTRATION
INDUSTRIELLE ET GENERAL
HENRI FAYOL
1 技術活動＝開發、生產、成型、加工〔開發＆生產〕
2 商業活動＝購買、販售、交換〔販售＆購買〕
3 財務活動＝資金的調度和運用〔財務〕
4 安全活動＝保護資產和員工〔人事＆總務〕
5 會計活動＝庫存、資產負債表、成本計算、統計〔會計〕
6 管理活動＝計畫、組織、指揮、協調、控制〔經營企畫＆管理〕
請大家把注意力放在第6項「管理活動」！
費堯認為，組織的規模越大、「管理活動」所占比重也會越大。
因此社長花在管理活動的時間和能力應各占一半。
管理活動的比重
社長的時間、能力
50%
組織規模
小
大
企業的管理活動，
看清楚了
也就是下列五大項！
舉凡制定業務方向、經營方針、各種活動的調整，都歸類在「管理活動」。
管理活動
・企業方向
・經營方針
・各種活動的調整 等等
懂了嗎？

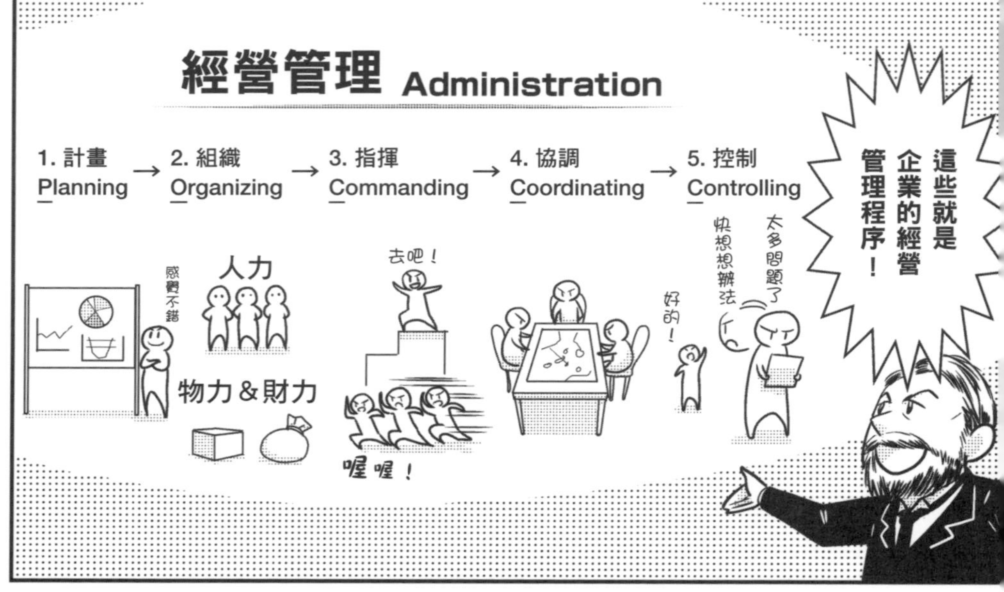
經營管理 Administration
1. 計畫 Planning → 2. 組織 Organizing → 3. 指揮 Commanding → 4. 協調 Coordinating → 5. 控制 Controlling
感覺不錯
人力
物力&財力
去吧！
喔喔！
好的！
快想想辦法
太多問題了
這些就是企業的經營管理程序！

企業的經營管理，就靠POCCC循環，不斷成長茁壯！
C→P→O→C→C
不管是什麼樣的組織都一體適用！

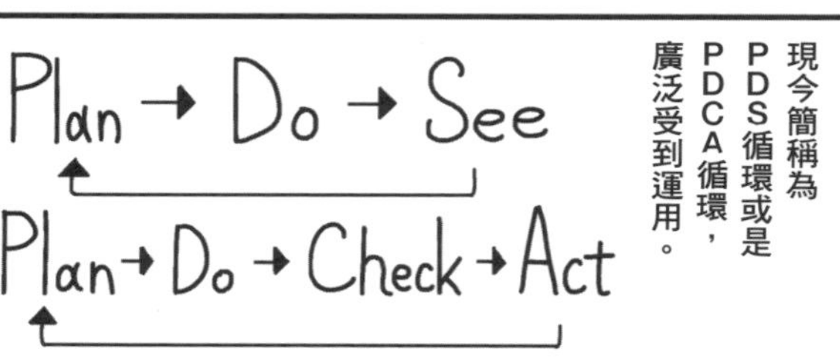
現今簡稱為PDS循環或是PDCA循環，廣泛受到運用。
Plan → Do → See
Plan → Do → Check → Act

不同於泰勒或梅堯將重點放在工廠及現場管理層面，身為專業經理人的費堯，管理範圍是涵蓋整個企業。
關於整體的Management…
喂喂喂！是Administration，不是Management！
拍桌！
你故意的吧!?
所以他採用「Administration」一詞來表示經營和管理，而非「Management」。

除此之外，費堯也意識到人際關係和管理之間的重要性。
緊盯 緊盯
務必多加關心員工和組織！
好…
好的…

著名的「14項管理原則」中第11條「公平原則」，就是要在公道的基礎上，時時為員工設想。
遵守企業規定，又不失人性關懷，才能做好企業管理！
在梅堯提倡「人際關係學說」之前，費堯便早已導入這類觀念了。
人性關懷

源流③ 費堯定義「組織活動」，創建企業「管理程序」

001

礦業管理大師 —— 亨利・費堯

- 有一位和泰勒幾乎同時期出生的管理大師，他帶來的觀念對近代的企業管理產生極大的衝擊，這個人就是法國的企業家亨利・費堯（Henri Fayol，1841～1925）。費堯19歲時從法國聖艾蒂安高等礦業學校畢業，後來進入礦業公司一步步往上爬，在47歲這年就任總經理。原本瀕臨破產邊緣的公司，在他的努力之下成功轉型，領導的30年間更使公司業績蒸蒸日上。
- 費堯在50多歲時，開始整理畢生豐富的管理經驗，提出一套獨特的經營理論，並且致力將這些觀念傳達給社會大眾。1916年，《工業管理與一般管理》一書出版。

002

將企業活動分為6項，確立企業「經營管理」的程序

- 費堯將企業不可欠缺的活動分為6大項。
- ①技術（開發、生產），②商業（販售、購買），③財務（財務），④安全（人事、總務），⑤會計（會計），⑥管理（經營企畫、管理），這6項正是波特在68年後所提倡的企業價值鏈，但在當時可說是劃時代的新觀念。舉凡制定業務方向、經營方針、各種活動的調整，都歸類在管理活動的範圍內。
- 費堯的企業經營管理程序，後來也被定義為POCCC循環。
- POCCC循環：①計畫（planning）、②組織（organizing）、③指揮（commanding）、④協調（coordinating）、⑤管理（controlling）。他主張企業的經營管理透過上述循環，不斷成長茁壯，而非一味偏向組織。

003

泰勒著重工廠管理，費堯偏向企業和人員的管理

- 泰勒的主張因為受限於時代背景，管理內容（只著重於作業、工資、生產效率）和方法不但有所「偏差」，管理範圍也受到「侷限」。從工廠基層起家的泰勒，將重點放在提升工廠現場的生產效率，卻無法突破傳統框架。
- 費堯則不然。他原本就是專業的管理人員，管理範圍涵蓋整個企業，所以他特別採用「Administration」一詞來表示經營與管理，而非「Management」。
- 在梅堯提出人際關係學說之前，費堯也早已主張人際關係和管理之間的重要性。經理人必須「時時刻刻關心員工及組織的狀態」，在著名的「14項管理原則」中，第11條「公平原則」的公平（equity），就是在公道（justice）的基礎上處處為員工設想。而身為經理人的費堯，認為遵守企業規定卻又不失人性關懷，如此才能做好企業的管理（governing）。

Chapter 1

Chapter 2

Chapter 3

Chapter 4

第 2 章

近代管理學的創建

經營戰略之父 安索夫與首位企業史學家 錢德勒

安索夫

嗨！錢德勒您好，原來我們的年齡相同啊，只不過您比我大 3 個月。

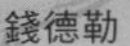

錢德勒

幸虧我們兩人都很長壽，才有機會見識各種事物、想出各種點子，完成許多論文和書籍呢。

安索夫

您的成就當然毋庸置疑。
不只泰勒、梅堯先生，費堯先生（1841 ～ 1925）也相當了不起呢。
他將企業活動的「技術」到「管理」畫分為 6 項（《工業管理與一般管理》，1916），可因為他是法國人，結果在英語系國家中的名氣不怎麼響亮啊。

錢德勒

他提出「管理」有 5 項職能，也就是「計畫、組織、命令、協調、控制」，這正是一般所說的價值鏈。只要弄清楚整個環節，就能將經營管理方針掌控自如，無論哪個企業都適用。真不愧是一步步爬上來的成功企業家。

安索夫

同樣從底層做起的企業家巴納德先生（1886 ～ 1961），也是一位非常了不起的人。過去的企業都著重在內部管理，他卻認為管理是因應外部環境變化的活動。要讓組織順利運作，必須做到「共同目標」、「貢獻慾望」、「溝通協調」這幾個項目，因此被譽為是一場「巴納德革命」，真是讓人欽佩。

錢德勒

安索夫，你最初的成就，不正是明確指出這個「共同目標」的經營戰略方向嗎？

ひょい
ひょい
ロッキード エレクトロニクス 計画プログラム担当 副社長
ランド研究所

成長策略的「安索夫矩陣」

安索夫

或許是吧。洛克希德公司採取多角化經營，但所有人對於企業目標的意見不一，所以我只是一心想貢獻一己之力罷了；針對是否發展新事業，必須仔細評估後續的風險和報酬後做出決策。

錢德勒

這就是創造「安索夫矩陣」的契機吧。

安索夫

沒錯（笑）。企業想在非擅長領域擬定成長策略，其實是一件非常不容易的事，需要非常多的情報，好比目前公司面對的是哪種客戶、提供的是哪些商品。安索夫矩陣除了讓企業了解自己的處境，也讓企業有足夠的空間思考發展方向，它也可稱為是一種在本身強項站穩腳步的成長戰略。

錢德勒

可是，我想這不只是「往安全本業集中」這麼簡單吧？
要從多角化經營取得成功，心中也必須盤算需要承擔多少風險，不是嗎？

安索夫

您說的沒錯。錢德勒先生也一樣，不只是經濟史，企業之所以出現生機，也是因為您在美國確立了「企業史」不是嗎？
托您的福，大眾對企業家的看法，也從原先的「為富不仁者」轉變為「擁有先見之明的產業風險承擔者」呢。

錢德勒

不不，讓大眾意識到這一點的人，應該是熊彼特博士。他的《經濟發展理論》（1912），對於企業家的技術創新而言，可以說是經濟發展的原動力呢。

安索夫

您則是根據企業經營的大環境變化，試著深入剖析的人啊。

錢德勒

我曾經思考過，為什麼過去的 19 世紀沒有管理職，現在卻很常見呢？為什麼過去只有集中式管理，如今卻採用分散式管理呢？許多像杜邦、通用、西爾斯這類大企業，過去都是朝事業部組織發展，其中一定有非得這麼做的理由，因此我很想找出這個答案。我認為經營戰略和組織之間，一定有強烈的相關性。

組織跟隨戰略？

安索夫

話說回來，錢德勒先生知道您的著作《*Strategy and Structure*》（1962），書名在日本被譯為《組織跟隨戰略》嗎？

錢德勒

嗯，我略有耳聞，這真是有點困擾呀！
不過新版（1989）的前言，已經加入「組織和戰略之間關係緊密」、「戰略不僅容易改變，外部環境也會造成很大的影響」、「組織不易變動，因此經常成為戰略的一大阻礙」這些我想告訴讀者的觀念。

安索夫

嗯嗯。

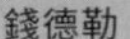

錢德勒

此外，還有「戰略多半會隨著組織變動而改變」。明明只要採取事業部組織制度，就能讓多角化戰略變得簡單不少而順利發展，真是可惜。

安索夫

哈，或許大家都喜歡刺激性的工作吧。就連我自己也不斷針對戰略、組織、人才要如何在各種狀況下緊密合作，研究了數十年之久，可是也只能帶給大家「安索夫矩陣」這一項工具而已。（小聲抱怨）

01 Taylor
02 Ford
03 Mayo
04 Fayol

05 Barnard
06 Drucker
07 Ansoff
08 Chandler
09 Bower
10 Andrews
11 Kotler
12 Henderson
13 Gluck
14 Porter
15 Canon-Honda
16 Peters
17 Bmarking-Robert
18 Stalk
19 Hammer
20 Hamel-Prahalad
21 Foster
22 Terman
23 Senge-Nonaka
24 Barney

「經濟大恐慌」的考驗

切斯特·巴納德

- 41歲　擔任貝爾電話公司總裁，長達20年。
- 52歲　出版《主管人員的職能》，以共同目標＝經營戰略等理論掀起「巴納德革命」。

有一股風暴
悄悄地向世界各國
的企業席捲而來。

美國

英國、法國

位在歐洲的英國也受到重創。
1931年以後，舊殖民地國家形成區域經濟，正如火如荼展開。
不能進口便宜的國外產品！
高關稅
原本期望藉舊殖民地滿足國內需求，但是卻對國際分工形成一大阻礙。
不僅導致全球經濟效率不彰。
英
先顧好自己比較重要
me too！
美
區域之間也開始透過武力來爭奪資源。
別的國家不關我的事
法

德國

德國在第一次世界大戰後必須支付巨額的賠償金。
賠償金
好重！
啊！
在美國、法國資金撤退的影響下，國內面臨破產，失業率更突破40％。
顧飯碗！
我要吃飯！
Arbeit
Hilfe
誰來救救我們
間接造成希特勒的納粹黨趁勢崛起，引發第二次世界大戰。
1930年代許多企業因為外部環境變化，紛紛倒閉。
外部環境
承受不住啊！

然而，
卻有公司能夠在
大環境不佳的情況下
屹立不搖。
危機就是轉機！
上吧！
GM
凱迪拉克
奧茲摩比
別克
龐蒂克
雪佛蘭
阿爾弗雷德・斯隆
Alfred Sloan
(1875～1966)
通用汽車的傳奇領袖
阿爾弗雷德・斯隆，
透過多品牌戰略、
汽車貸款等方式，
成功喚起大眾的需求，
市占率也隨之大幅提升。

斯隆的分權方針，
終於打敗了
靠T型車打下市場的
福特公司。
Lose
怎麼會…
Win
耶～
成功了！
由此可見，
面對外部環境激烈變化，
企業的命運全都掌握在
經營者的一念之間。

在經濟大恐慌的沉重打擊下，
巴納德的《主管人員的職能》
鼓舞了企業經理人。
不能把外部環境當成藉口，
管理者必須一肩扛下重任！
切斯特・巴納德
Chester L.Barnard
(1886～1961)

巴納德從1927年（41歲）
擔任貝爾電話公司的總裁，
長達20年之久，
對公司發展助益良多。
時任公司總裁期間，
出版《主管人員的職能》。
THE FUNCTIONS
OF THE EXECUTIVE
BY
Chester I. Barnard

※企業管理中首次出現戰略（strategy）這個軍事用語。

經濟大恐慌掀起「巴納德革命」

01

世界列強重創的1930年代
唯有斯隆帶領通用汽車闖出一片天

- 1929年10月24日，美國股市暴跌（黑色星期五）引發全球信用緊縮，這股風暴很快席捲世界各國，造成全球經濟災難，史稱「經濟大恐慌」。美國道瓊工業指數暴跌，從第一次世界大戰後的泡沫經濟跌至僅剩五分之一，GDP也比經濟大恐慌前大幅減少三成。
- 企業經理人此時才體認「外部環境」造成的影響竟如此巨大，光靠自己一間企業也難以抵擋這股風暴，不少公司都以破產告終。福特面臨經濟大恐慌時，公司持續萎靡不振，不但無法順利轉換成保留庫存方針，虧損也持續擴大。反觀通用汽車，在阿爾弗雷德・斯隆（Alfred Sloan，1875～1966）的帶領之下，不僅以多品牌策略在市場和庫存管理獲得成功，更在市占率上有所斬獲。
- 面對外部大環境的變化時，經理人應該將企業帶往什麼方向？應該如何應對？企業的命運在最初的十年間就決定了。這正是費堯所思考的「計畫」，亦即「經營戰略」。

02

1938年巴納德革命 —— 經營戰略即「共同目標」

- 和費堯同為專業經理人的切斯特・巴納德（Chester L. Barnard，1886～1961），明確闡述這個定義。他從1927年開始擔任貝爾電話公司的總裁，任期長達20年，對公司發展助益良多。尤其是期間出版的《主管人員的職能》（1938），更為所有受經濟大恐慌苦惱的經理人打入一劑強心針。
- 他將企業體視為一種協作系統，而非單純的組織。而要達成這個條件，則必須滿足「共同目標（＝經營戰略）」、「貢獻欲望」、「溝通協調」這3個項目。他也是第一位將「戰略」（strategy）這個軍事名詞應用在管理學領域的人。經理人必須制定行動目標，藉由擬定作戰計畫、緊密連繫、提升成員士氣等方式達成這個目標。經理人的功能是賦予組織「共同目標」（經營戰略），這個觀念在當時可說是劃時代的突破。
- 巴納德被視為連接管理學中的古典理論（泰勒等人）、新古典理論（梅堯、費堯等人），以及近代管理學說的關鍵人物。
- 讓我們開始進入正題，首先從當代不朽的管理學大師 —— 杜拉克的角度，正式進入經營戰略的世界。

01 Taylor
02 Ford
03 Mayo
04 Fayol
05 Barnard

06 Drucker
07 Ansoff
08 Chandler
09 Bower
10 Andrews
11 Kotler
12 Henderson
13 Gluck
14 Porter
15 Canon-Honda
16 Peters
17 Bmarking-Robert
18 Stalk
19 Hammer
20 Hamel-Prahalad
21 Foster
22 Terman
23 Senge-Nonaka
24 Barney

「管理學」的傳教士

彼得·杜拉克

- 22歲 獲得國際公法博士學位，進入報社工作
- 28歲 前往美國
- 37歲 研究通用汽車公司，出版《企業的概念》一書
- 46歲 出版《管理實踐》，成為管理學領域的先驅
- 65歲 出版《管理：使命、責任、實務》，光是在日本就狂賣400萬本

杜拉克堪稱是
使「管理學」的實用性
廣為人知的傳教士。
彼得・杜拉克
Peter F.Drucker
(1909～2005)

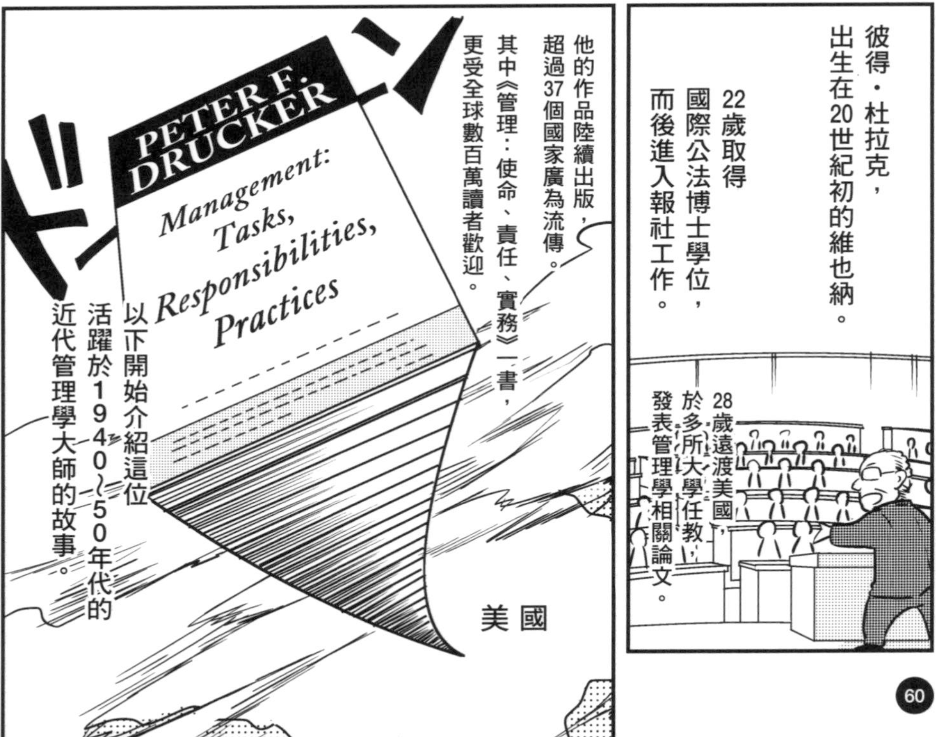
彼得・杜拉克，
出生在20世紀初的維也納。
22歲取得
國際公法博士學位，
而後進入報社工作。
28歲遠渡美國，
於多所大學任教，
發表管理學相關論文。
他的作品陸續出版，
超過37個國家廣為流傳。
其中《管理：使命、責任、實務》一書，
更受全球數百萬讀者歡迎。
ドーン
PETER F. DRUCKER
Management: Tasks, Responsibilities, Practices
以下開始介紹這位
活躍於1940～50年代的
近代管理學大師的故事。
美國

1943年
寫
翻
翻
寫
鈴
鈴
鈴
誰打來呢？
杜拉克教授您好，
這裡是通用汽車。
哦！
是否可以請您
從第三者角度，
檢視本公司的經營
方針和組織結構？

正巧我正想進行
實證研究，
這件事
就交給我吧！
太幸運了——

就這樣，
長達18個月的
調查計畫正式展開。
好了——
讓本教授
好好研究一番！
GM
General Motors

唔唔
哦——
瞪
嗯
不愧是通用汽車！
稱得上全球企業的典範！

—研究結果報告會

事業部的分散管理規畫做得非常好。
不錯不錯。很好很好。
GM
GM
只不過…
！

把員工視為追求利潤（應該刪減）的成本，才是通用汽車最大的問題。
員工是公司應該靈活運用的經營資源才對。
!!
GM
GM

員工當成經營資源…
哈哈哈哈哈
怎麼可能…

還有，
嚴肅
發亮

貴公司充滿官僚主義，重視命令和管理，如此無法因應未來環境激烈變化。
必須將權力移交到員工手上，採自我管理制度！
…
忍耐
忍耐

站起…
別開玩笑了！
這種事怎麼可能辦到！
真是夠了!!
…

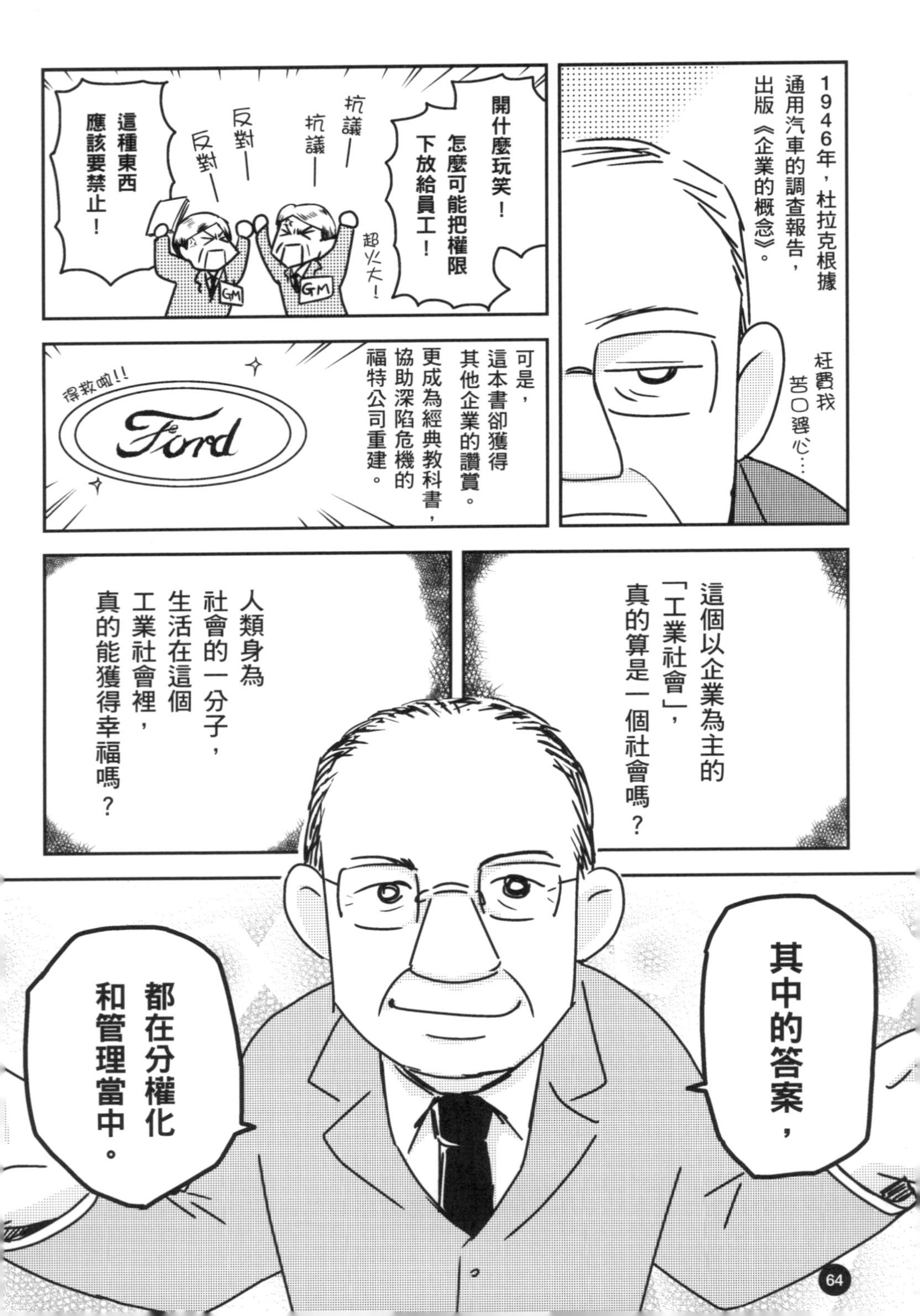
1946年，杜拉克根據通用汽車的調查報告，出版《企業的概念》。
枉費我苦口婆心……
開什麼玩笑！怎麼可能把權限下放給員工！
抗議——抗議——
反對——反對——
這種東西應該要禁止！
超火大！
GM
GM
可是，這本書卻獲得其他企業的讚賞。更成為經典教科書，協助深陷危機的福特公司重建。
Ford
得救啦!!
這個以企業為主的「工業社會」，真的算是一個社會嗎？
人類身為社會的一分子，生活在這個工業社會裡，真的能獲得幸福嗎？
其中的答案，
都在分權化和管理當中。

1. **顧客導向**
   企業的責任是提供顧客產品或服務
2. **人性化組織**
   企業是為了發揮員工的生產能力而存在
3. **非營利組織**
   企業是促進社會公益的團體

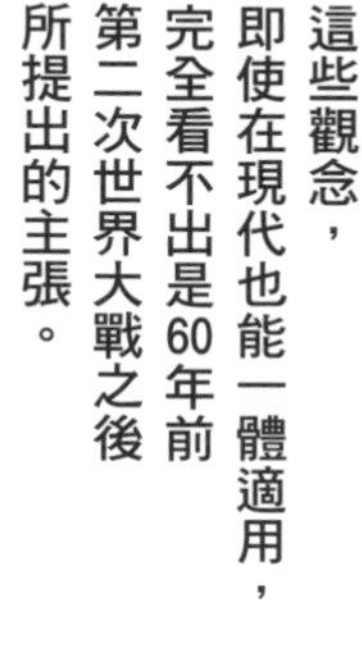

杜拉克推廣「管理學」的實用價值 堪稱管理學的傳教士

01

1946年出版《企業的概念》：通用汽車王國的危機

- 彼得・杜拉克（Peter F. Drucker，1909～2005）出生於20世紀初的維也納，直到95歲去世為止，共發表33本以上的著作，為全球的經理人帶來極大的影響。
- 1946年出版的《企業的概念》，是通用汽車委託杜拉克調查的研究報告書。當中揭示通用汽車所採用的事業部組織結構相當成功，這種**管理大企業的分權經營手法堪稱企業典範**。杜拉克認為將員工視為追求利潤（應該刪減）的成本是錯誤的想法，員工是企業應該活用的經營資源，而通用汽車陷入重視命令和管理的官僚主義，無法因應未來環境的激烈變化。他主張權力下放給員工，強調自我管理的必要性。
- 但是，這種說法卻引起通用汽車幹部不快，甚至將這本書視為「禁書」。可是這本禁書卻受到其他公司的讚賞，紛紛奉為「分權化」的寶典，陷入經營危機的福特公司更奉為企業再造的教科書。當時世人對於「管理學」仍處於摸索階段，這本書讓杜拉克成為公認的管理學大師。以企業為主的「工業社會」，真的稱得上是一個社會嗎？人類身為社會的一分子，生活在這個工業社會裡真的能獲得幸福嗎？分權化和管理就是他的答案。

02

1954年出版《管理實踐》：明確指出企業和經理人的存在意義

- 杜拉克於8年後出版《管理實踐》一書，書中對西爾斯（Sears）和AT&T等「創新」企業的成功案例有詳盡的介紹。他認為經理人的工作就是賦予事業活力，發揮其領導能力，充分運用人力、物力與財力等企業資源。書中也將「管理」功能獨立出來，明確指出「經理人」應盡的職責。儘管內容和費堯定義的組織活動十分相近，卻並非站在組織的角度，而是針對經理人個人進行指導，因此引發許多人的共鳴。
- 杜拉克更主張，企業不能只靠「機械式內部管理」來經營，必須從三個面向來思考。
  ①企業的責任是提供顧客產品或服務（顧客導向）
  ②企業是為了發揮員工的生產能力而存在（人性化組織）
  ③企業是促進社會公益的團體（非營利組織）
- 這些觀念在現代也一體適用。①是基本的市場活動，同時也是創新的建議；③則是當今企業的課題，即CSR（Corporate Social Responsibility，企業社會責任）。
- 從現代的角度來看，這個觀念雖然有些不切實際，卻不能一味咎責杜拉克。杜拉克本身就是研究學者、教育學家，更是一名作家，他的任務就是**催生實用的觀念，整理後傳播出去，而經理人就是實現這個理想的執行者**。
- 下一篇將介紹鼎鼎大名的安索夫，他堪稱是「經營戰略論之父」。

01 Taylor
02 Ford
03 Mayo
04 Fayol
05 Barnard
06 Drucker
07 Ansoff
08 Chandler
09 Bower
10 Andrews
11 Kotler
12 Henderson
13 Gluck
14 Porter
15 Canon-Honda
16 Peters
17 Bmarking-Robert
18 Stalk
19 Hammer
20 Hamel-Prahalad
21 Foster
22 Terman
23 Senge-Nonaka
24 Barney

「經營戰略」的真正推手

伊格爾·安索夫

- 32歲 取得數學和物理學位，進入蘭德智庫研究所工作
- 38歲 進入洛克希德公司從事多角化經營研究，使洛克希德電子公司轉虧為盈
- 45歲 擔任卡內基美隆大學教授，提出「差距分析」「安索夫矩陣」等理論

經營戰略之父
安索夫
伊格爾・安索夫
H. Igor Ansoff
(1918～2002)

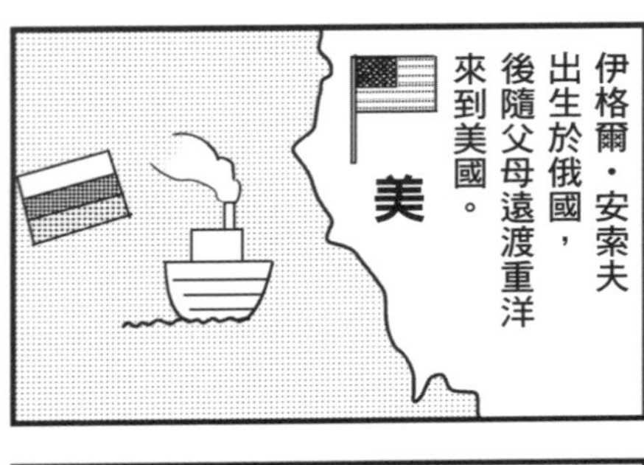
伊格爾・安索夫出生於俄國，後隨父母遠渡重洋來到美國。
美

他在美國取得數學與物理學碩士，以及應用數學的博士學位後，32歲進入為美國軍方服務的蘭德智庫研究所，期間長達6年。
數學碩士
物理學碩士
應用數學博士
蘭德智庫研究所

於洛克希德公司進行「多角化問題的基礎研究」；
擔任洛克希德電子公司的副總裁，負責決策和執行；
最終成為工程部的實質管理者（總經理）；
成功使部門獲益由虧轉盈。
跳
跳
蘭德研究所
洛克希德電子公司副總裁負責決策和執行
工程部總經理

他在企業界大展身手長達13年之久。
1963年，45歲時轉往學術界發展。
你看！
我進來學術界囉！
老師…那是學生的裝扮啦…

當時歐美經濟盛極一時，
在寬鬆的法規之下，許多企業進行收購、合併。
收購
合併
寬鬆法規
歐洲通過羅馬條約，建立歐洲經濟共同體（EEC），一躍成為一大經濟體。
海外銷售額
促使出口比率節節上升。

「延續現狀」無法因應市場變化和多角化事業，而安索夫的《企業策略》（1965），對此提供了明確的方向。
Corporate Strategy
H. Igor Ansoff

①3S模型

②差距分析

③企業戰略

④競爭力來源

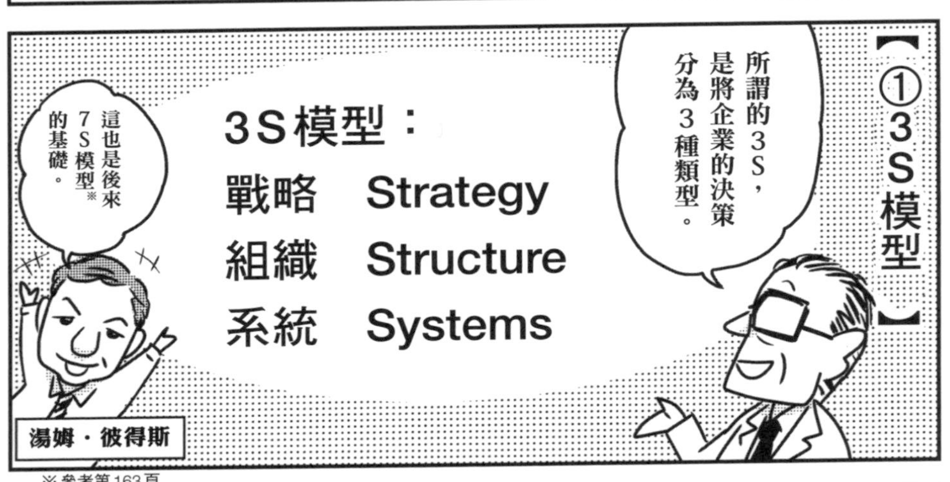

※參考第163頁

【③企業戰略】
①決定各事業方針的「事業戰略」
現今已是企業持有多項事業體的時代，因此再將經營戰略分為兩個項目。
目的
②管理＆整合企業整體的「企業戰略」
這些可以整合呢
目的
檢查 檢查

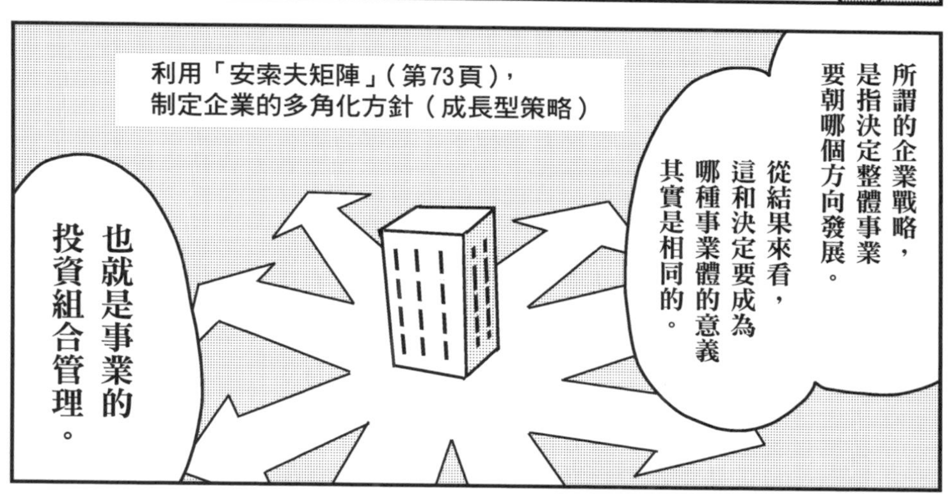
所謂的企業戰略，是指決定整體事業要朝哪個方向發展。
從結果來看，這和決定要成為哪種事業體的意義其實是相同的。
利用「安索夫矩陣」(第73頁)，制定企業的多角化方針(成長型策略)
也就是事業的投資組合管理。

【④競爭力來源】
在既有的企業活動中堪稱核心的優勢
企業沒有核心優勢就會喪失競爭力哦！
衝刺
呼 呼

① **明確的產品、市場領域（domain）和企業能力**
正確理解企業該著重於何種事業與產品。

② **了解競爭環境的特性**
想在競爭中脫穎而出，必須理解競爭環境具備何種性質。

③ **追求綜效（synergy）**
採取多角化經營時，必須追求和既有事業之間的加乘效果，
以期達到「相互合作提升效果和效率」的目標。

④ **決定成長策略**
判斷提攜既存事業的風險，思考企業成長（如多角化）的方向。

安索夫矩陣堪稱是思考企業戰略的最佳經營戰略利器。

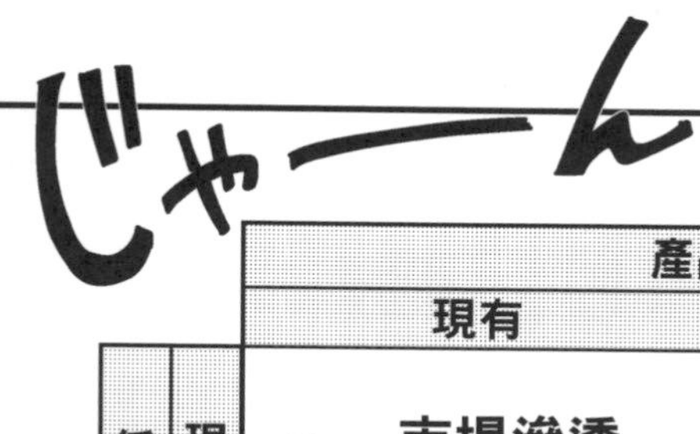

		產品	
		現有	全新
任務（市場）	現有	① 市場滲透 Market Penetration	③ 產品開發 Market Penetration
	全新	② 市場開發 Market Development	④ 多角化經營 Market Penetration

安索夫將基本原則中的「提攜既有事業」又分為4個項目。

①市場滲透：以既有市場（顧客）為對象，提供現有產品

②市場開發：將現有產品賣給新的市場（顧客）

③產品開發：開發新的產品，賣給現有市場（顧客）

④多角化經營：開發新的產品，投入新的市場（顧客）

④為狹義的多角化，②③④為廣義的多角化。

④多角化經營具有高風險，必須審慎評估！

看好了！

④多角化經營

一旦下定決心，就要以發揮最大綜效為目標！

好、好的！

1979年，
61歲的安索夫發表
《戰略管理》一書。
ドン
STRATEGIC MANAGEMENT
HIGOR ANSOFF

嗯嗯
封面拍得不錯
《企業策略》的眼界
畢竟過於狹隘，
經營企業還得要有
一套更有系統的戰略。

戰略和組織必須視
外部環境的「亂流程度」，
以「相同程度的變化」
加以因應。
越來越
帥了呢！
自信
倘若只有戰略或組織
其中一方做出因應，
仍會以失敗告終。

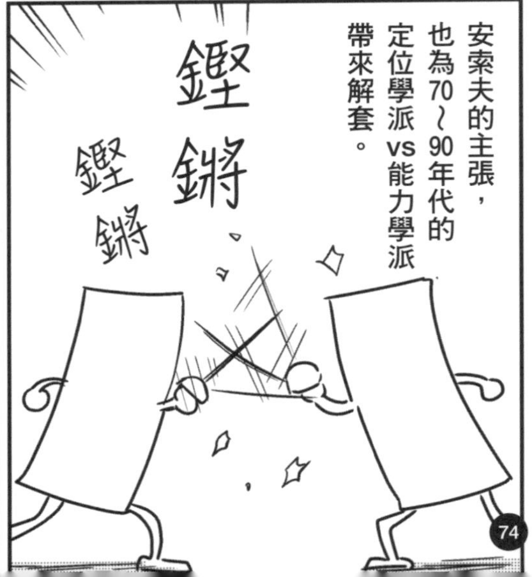
安索夫的主張，
也為70~90年代的
定位學派vs能力學派
帶來解套。
鏗鏘
鏗鏘

無論傾向定位或能力，
都免不了一敗塗地。
如果兩者不隨環境變化
而與時俱進，
終究會遭到時間淘汰。
小定，
我很抱歉
小能，
別這麼說

後面登場的人物，他們所提出的戰略觀念，可以說幾乎都是奠基在安索夫的理論之上。

巴尼

・能力學派的龍頭，提出資源基礎理論

※參考第216頁

魯梅特

・無相關多角化（④）透過相關多角化（②③）帶來低收益性

※參考第153頁

亨德森與波士頓顧問公司

・結合外部環境與競爭的「成長與市占率矩陣」

※參考118頁

哈默爾與普拉哈拉德

・探討企業「優勢」的核心能力理論

※參考第190頁

金偉燦與莫伯尼

・透過價值創新開創藍海！

※參考革新篇 第40頁

彼得斯與華特曼

・延伸安索夫的3S模型，提出「7S」

※參考第162頁

克雷頓・克里斯汀生

・現代最優秀的創新研究學者

※參考革新篇第92頁

「經營戰略」之父——安索夫

001

市場、企業漸趨複雜的「黃金1960年代」，安索夫嶄露頭角

- 20世紀，人才持續從世界各地湧入美國。例如1922年澳洲的梅堯、1937年維也納的杜拉克，以及前一年從俄國移民的伊格爾・安索夫（H. Igor Ansoff，1918～2002），皆飄洋過海來到美國。安索夫取得數學和物理學的碩士、應用數學的博士學位後，於1950年進入為美國軍方服務的蘭德智庫研究所工作，期間長達6年。在1963年擔任卡內基美隆大學的教授之前，他曾於企業界服務長達13年之久。當他轉往學術界發展時，已經累積不少「經過實證」的戰略建構方法和觀念。
- 歐美經濟在1960年代獲得長足發展，許多企業都在寬鬆的法規之下進行併購。歐洲也在通過羅馬條約（1957）後成立歐洲經濟共同體（EEC），一躍成為一大經濟體。企業也因此受惠，海外出口比率大增。
- 在種種複雜情勢下（市場與事業多元化），企業該如何擬定戰略呢？安索夫於1965年發表《企業策略》，為迷失方向的企業帶來一線生機。

002

《企業策略》揭示企業競爭的意義和方向

- 安索夫透過《企業策略》，強調企業決策時必須利用3種層級（3S模型：Strategy、Structure、Systems），掌握未來和現在的差距（差距分析：As-Is與To-Be），指示整個事業體的方向（成長策略：安索夫矩陣）。安索夫對市場競爭的基本定義為：企業想在競爭中脫穎而出，必須具備核心優勢。
- 1979年出版《戰略管理》，安索夫更擴大解釋，企業的戰略和組織必須配合外部環境的「亂流程度※1」，採行「相同程度的變化」加以因應的結論。他也強調無論傾向定位或能力，最終都會一敗塗地，兩者必須隨著環境變化與時俱進。當大環境亂流越激烈，企業戰略就會進入創造性的試驗階段。

003

安索夫的眾多弟子

- 後面登場人物所提出的戰略觀念，幾乎都是**根據安索夫的理論才得以建立原型**。
- 例如波特、魯梅特、波士頓與麥肯錫顧問公司、彼得斯與華特曼、哈默爾與普拉哈拉德、巴尼、克雷頓・克里斯汀生、金偉燦與莫伯尼。儘管沒有師徒名義，但他們都是根據安索夫的理論而成一家之言。由此可見，在企業管理領域當中，只有安索夫堪稱是「大師中的大師」。

※1 將業界環境分為反覆、擴張、變化、不連續、突發5種階段。

01 Taylor
02 Ford
03 Mayo
04 Fayol
05 Barnard
06 Drucker
07 Ansoff

08 Chandler
09 Bower
10 Andrews
11 Kotler
12 Henderson
13 Gluck
14 Porter
15 Canon-Honda
16 Peters
17 Bmarking-Robert
18 Stalk
19 Hammer
20 Hamel-Prahalad
21 Foster
22 Terman
23 Senge-Nonaka
24 Barney

組織跟隨戰略

阿爾弗雷德・錢德勒

- 取得哈佛大學歷史博士學位
- 於麻省理工學院、約翰・霍普金斯大學、哈佛商學院任教
- 44歲　出版《戰略與組織》
- 59歲　出版《看得見的手》，獲頒普利茲歷史獎

※哈佛商學院

原書名為*Strategy and Structure*，日文版譯為《組織跟隨戰略》

※洛克菲勒打造出來的標準石油王國，由於違反反托拉斯法（反壟斷法），在1911年拆解為34家公司，紐澤西即為其中一家。

ピ
—怎、
怎麼和我想的不一樣!!
カッ

姑且不論規模大小，要經營本業以外的事業，本身就很不容易。
等您簽名的文件都送來啦。
自己想辦法決定啦！
夠了沒呀！
原來企業分權化並非因為規模（組織）擴大，而是多角化經營（戰略）。

也就是說，多角化的企業戰略，誕生了事業部組織。
真有趣～
得趕快出書告訴大家！
《戰略與組織》針對事業部組織的結構有詳細介紹。

對於即將邁入分權化的企業而言，這本書不僅被奉為「導入事業部組織的教科書」，也是許多企業（透過管理顧問公司協助）模仿的範本。
寫出經理人的心聲！
想要多角化發展，得改為事業部組織！
別再實施中央集權制！
Strategy and Structure
Alfred Chandler. jr.

所以才有「組織跟隨戰略」這句宣傳標語，也因此成為日文版的書名。
可是標題和內容不符啊…
雖然不敢大聲說出來

既然這樣，不如請您告訴我們組織跟著戰略改變的具體實例！
拿你們沒辦法。
那我就舉3個例子。
仔細閱讀書的內容啊。

實例① 人盡其用的多角化戰略

1920年代，杜邦過去朝多角化經營發展，只是為了要活用剩餘員工罷了。
給我們啊——
工作機會——
吵吵
鬧鬧

第一次世界大戰時，杜邦為因應各國政府的需求，增加許多設備和人員。戰後為了有效利用資源，不得不正式採用多角化模式經營。
多出不少員工
怎麼辦？
好困擾啊！
危機就是轉機！
為這些人創造工作機會吧！

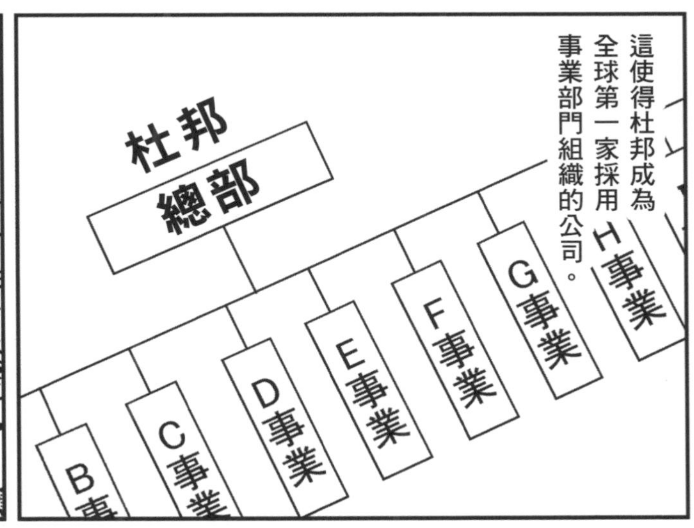

這使得杜邦成為全球第一家採用事業部門組織的公司。
杜邦
總部
H事業
G事業
F事業
E事業
D事業
C事業
B事
原來如此，還有自然發展成事業部組織的公司啊！
嗯嗯嗯嗯

實例② 事業部門促使企業擴張事業版圖和海外市場

杜邦活用本業，也就是開發和生產人造纖維的能力，跨入玻璃紙這塊全然不同的市場，並獲得極大斬獲。
老闆！事業部的產品又大賣了！
真的嗎？真是好消息！

新事業只要直接以事業部的方式經營就好了。
知道了！
之後又朝尼龍、壓克力、聚酯等事業發展。

多角化經營透過事業部組織變得方便管理。二次世界大戰後，大企業紛紛以拓展地理版圖或延長產品線為方針擴張經營。
事業部門組織真輕鬆呢！
一直這樣發展下去吧！
這也是組織跟隨戰略的例子之一。

可是，後來等著他們的卻是1960年代的併購風潮，以及70年代引發的「無相關多角化」風暴。
總之利用併購讓公司持續擴大！
不過只能涉入和本業無關的事業，才不會違反反托拉斯法喔！
企業併購急速增加，在70年代中期有半數企業都涉入和本業不相關的領域，以多角化經營為目標。
哦哦哦哦

實例③ 無法充分管理的企業重組戰略

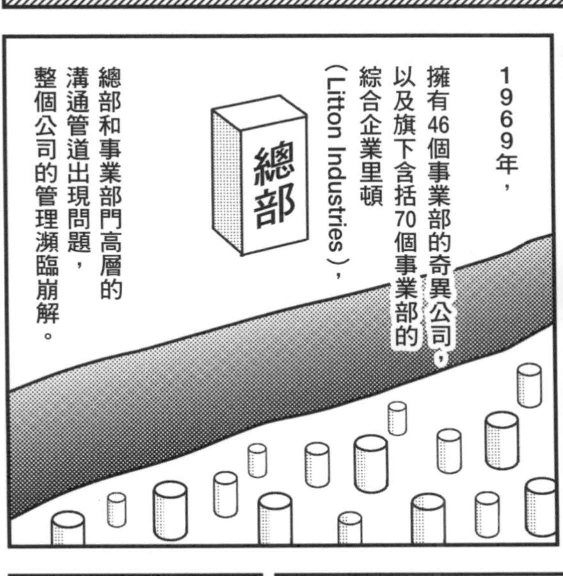

因應組織龐大、
無法充分管理的需求，
企業戰略也隨之改變。

企業決定縮編事業，
開始採行企業重組戰略。

可以，
你走吧！

辛苦你啦

什什
什麼！

唰
唰
唰

1970～80年代，
美國企業邁入
事業的解體和重建階段。

緊接著，1981～2001年這段期間，奇異公司的總裁由傑克・威爾許擔任。他上任後立刻提出
全球市占率沒有前兩名，就退出市場！
在這個方針下，事業部的規模縮小為原來的三分之一，才得以度過危機呢。
幸好沒事
好佳在
原來如此
長知識了
什麼！
傑克・威爾許
Jack Welch
(1935～)

錢德勒宅

所謂的「經營戰略」，是企業中期用來填補
「原有目標」和「現狀」之間「差距」的方針。
伊格爾・安索夫
參考第68頁

如果安索夫說得沒錯，

那麼也應該能適用於事業（顧客、市場、產品）和組織（組織體系、權限、過程）。
靈機一動
簡單來說……

經營並非「戰略與組織」的對立，而是「事業戰略與組織戰略」的交互作用！

- 事業戰略和組織戰略的關係密切
  可能是「事業讓組織壯大」，也可能「組織協助事業發展」
- 組織不易變動，往往都從事業戰略帶頭改變

錢德勒真的說過「組織跟隨戰略」這句話嗎？

01

美國4家企業為度過危機，從「集權」轉換為「分權」

- 自安索夫於1957年主張多角化戰略，在經營方略的概念出現之前（1965），同年出生的阿爾弗雷德・錢德勒（Alfred Chandler，1918～2007），出版了《戰略與組織》（*Strategy and Structure*）一書。
- 這本書是錢德勒歷經10年調查研究的嘔心瀝血之作，內容超過一半都在深入探討美國4家頂尖企業的戰略和組織，這也是為何錢德勒被稱為「首位企業史學家」的緣故。書中提到的企業，都曾經面臨經營危機，被迫在戰略和組織上做出重大改變。這4家經過組織再造的代表企業，分別是杜邦、通用、紐澤西標準石油（現在的埃克森美孚）、西爾斯・羅巴克（現在的西爾斯）。
- 這些企業成功從「中央集權式組織」（企業總部決定一切大小事），轉型為「事業部組織」（企業由總部和產品或地區事業部構成）。

02

錢德勒傳達給讀者的觀念

- 企業在事業多元化的「戰略」之下，「組織」紛紛展開分權變革，這和錢德勒當初的想法有所出入。
- 對於迫切需要改革的企業，這本書明確介紹事業部組織的詳細架構，堪稱是事業部組織的「教科書」。不少企業爭相仿效（其中也借助管理顧問公司的力量）書中的做法，也因此才有「組織跟隨戰略」這句宣傳標語。可是錢德勒本人卻是百感交集，因為**「組織和戰略之間關係密切」，才是他真正想傳達給讀者的觀念**。

- 早在1920年代，杜邦便成為全球第一間採用事業部組織的公司。但之所以**採用多角化經營策略，只是為了活用一戰中大量僱用的員工罷了**。此為組織跟隨戰略的典型範例。
- 杜邦後來跨足玻璃紙、尼龍、壓克力、聚酯等不同於人造纖維本業的領域，朝向多角化經營發展。杜邦此時已經知道，新事業只要直接以事業部的方式經營即可，這也是「組織跟隨戰略」的例子之一。
- 錢德勒認為，經營並非「戰略與組織」的對立，而是「事業戰略與組織戰略」的交互作用。對於經營者而言，事業戰略（或事業投資組合戰略）容易改變，組織戰略卻不易變動（難以執行）。因此只要按照事業戰略，一步步制定並執行組織戰略，就能順利發展！
- 錢德勒的著作，是在提出「組織跟隨戰略」這句宣傳標語後，才成為著名的事業部組織教科書。麥肯錫公司便趁勢搭上這股錢德勒風潮。

01 Taylor
02 Ford
03 Mayo
04 Fayol
05 Barnard
06 Drucker
07 Ansoff
08 Chandler
09 Bower
10 Andrews
11 Kotler
12 Henderson
13 Gluck
14 Porter
15 Canon-Honda
16 Peters
17 Bmarking-Robert
18 Stalk
19 Hammer
20 Hamel-Prahalad
21 Foster
22 Terman
23 Senge-Nonaka
24 Barney

奠定現代管理顧問的麥肯錫之父

馬文・鮑爾

- 哈佛大學的法學學士＆通用問卷架構
- 36歲　接手麥肯錫
  1950～1967年擔任總裁，任期17年
- 名言：「要有自己是專家的認知。」

麥肯錫是組織改革的著名顧問公司，
其重振的推手正是鮑爾。
馬文・鮑爾
Marvin Bower
(1903～2003)

麥肯錫公司是全球最大的
管理顧問公司，
但實際上卻是在創始人
詹姆士・麥肯錫逝世後，
才步上軌道。
後面拜託
各位囉
1937年
48歲
James.O Mckinsey

馬文・鮑爾擁有哈佛法學學士
和企業管理碩士學位，
同時也是一名律師。
鮑爾進入麥肯錫的第6年，
麥肯錫分裂為二，
他便將其中一部分連同
麥肯錫之名接手過來。
MBA
律師
哈佛
大學

以提供「管理技術」起家的麥肯錫，
在鮑爾的帶領下，
成為經營「諮詢服務」的公司。
不僅獲得長足發展，
更為管理顧問業界
開啟一條嶄新的道路。
我要將麥肯錫變成
適合全球企業的
顧問公司！
呵呵
沒有我
做不到的事！

他將管理顧問定義為一種專業
（就像醫師或律師），
不斷向同事、客戶、媒體
推廣自己的理念。
哈佛商學院尊稱鮑爾為
近代企業管理顧問之父。
我們是專家
我們是專家
我們是專家
我們是專家
吵死了

雖然麥肯錫公司定位為解決企業管理和組織問題的專家，但是在制定具體的服務之前，曾歷經好幾年的失敗試驗。
雖然我們自稱專家⋯
但該做哪些事呢？
差不多該為本公司提供建議了吧？

！
就是這個

我們要成為組織改革的專業顧問集團！
決定!!
感謝您的點子——
組織改革嗎？
握緊
鮑爾想到的產品就是組織改革的諮詢服務。

1950~60年代，美國企業在錢德勒《戰略與組織》的影響下，曾進入一段組織變革期。
企業對於事業多角化、朝海外發展的組織分工都有強烈的需求。
所以！我們要以協助導入事業部組織作為主力商品！
但是專業知識從哪來⋯

與此同時，他也完成企業綜合診斷工具「通用問卷架構」。
寫好了給你！
這本就是讓你這種菜鳥升等的指南書！
我才不是菜鳥⋯
拿去
通用問卷架構

ぐいぐい
這本標準化教戰手冊，是以量化分析企業客戶的組織、流程、業績、預算等方面的效率，
只要按照上面的做法進行訪談，再匯整成報告就可以了！
來吧來吧
就說了我不是菜鳥⋯

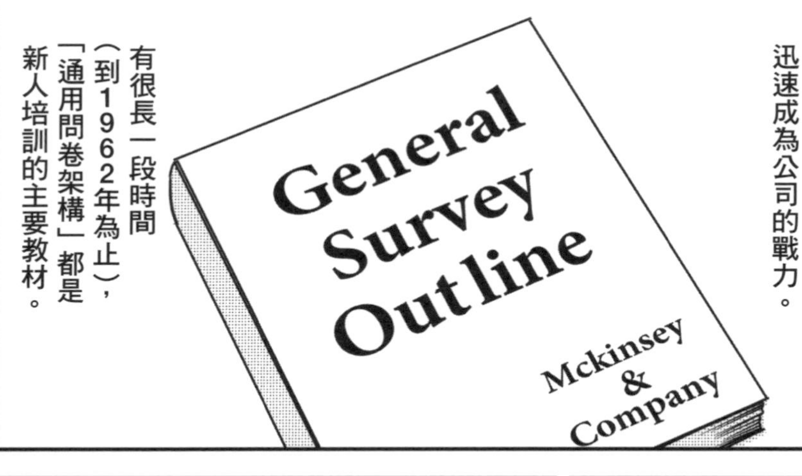
這篇由創業家發起、
經過鮑爾大幅修改的指南書，
幫助經驗尚淺的菜鳥顧問師
迅速成為公司的戰力。
General Survey Outline
Mckinsey & Company
有很長一段時間
（到1962年為止），
「通用問卷架構」都是
新人培訓的主要教材。

麥肯錫公司推動
「商品汰選」與
「作業與解答標準化」，
順利跨越專業培訓時
新人常遇到的「成長瓶頸」，
公司也因此獲得
飛躍性的成長。
輕鬆輕鬆
跳
跳
成長瓶頸
作業與解答標準化
商品汰選
鮑爾擔任總裁的17年間，
麥肯錫公司的業績
從200萬美金一路攀升至
2000萬美金。
排除通貨膨脹的影響，
業績仍然成長7倍，
年平均成長率
甚至高達12%。
哇哈哈哈
麥肯錫就這麼
一路發展吧！
ピョーン

然而，
麥肯錫卻在
70年代
度過一段
艱難的歲月。
哇啊啊啊啊啊啊啊啊啊啊！

未來的企業與
事業戰略
即將發生變革。
正如錢德勒
私下所預測，

石油危機（1973年）
造成企業受到重創。
企業即使擴張
事業版圖，
成長幅度
仍停滯不前；
倖存下來的企業
也哀鴻遍野。
這已經超出
「組織戰略」的範圍，
而是「企業戰略」和
「事業戰略」的層面。
價格高漲
供需緊迫
oil
哇啊——

鮑爾先生，
本公司改實施
事業部組織，
往後該如何調整？
嗯嗯，
讓我想想
多角化以外的
戰略又該
如何執行？
快說！

可是，
麥肯錫公司卻還沒有
做好充足的準備。
那個…
先別急嘛。
稍安勿躁
稍安勿躁

就在此時，
由「戰略迷」布魯斯・亨德森
率領的新興顧問公司
趁勢崛起，
也就是著名的
波士頓顧問公司
（BCG）。
迅速——!!
慢吞吞
BCG
麥肯錫

鮑爾繼承麥肯錫，推動「組織戰略」

01

麥肯錫在鮑爾的努力下「重獲新生」

- 麥肯錫是全球最大的企業管理顧問公司，在創始人詹姆士・麥肯錫（James McKinsey，1889～1937）※2逝世後，才開始步上軌道。
- 將當時分裂為二的麥肯錫公司其中一部分，連同麥肯錫之名一起接手過來的人，正是當時進入公司第6年、年僅36歲的律師馬文・鮑爾（Marvin Bower，1903～2003）。麥肯錫在他的帶領下，從原本提供「管理技術」，變成一家經營「諮詢服務」的公司，於企業顧問業界逐漸打響名號。
- 擁有哈佛大學法學學士和MBA（企業管理碩士）學位的鮑爾，定義**管理顧問是一種事業**，不斷向同事、客戶、媒體推廣自己的理念。
- 哈佛商學院更尊稱鮑爾為「現代企業管理顧問之父」。

02

鮑爾推出「組織改造諮詢」，提供標準化服務

- 雖然將麥肯錫定位為「解決企業管理和組織問題的專家」，但在制定出具體的服務內容之前，鮑爾曾經歷過好幾年的失敗試驗，最後想到的商品就是組織改革諮詢服務。
- 1950～60年代，美國企業在錢德勒《戰略與組織》（1962）的影響下，隨即進入組織變革期。企業對於事業多角化、朝海外發展的組織分工有強烈的需求，麥肯錫公司便以「協助導入事業部組織」作為主力商品。
- 與此同時，他也完成企業綜合診斷工具「通用問卷架構」（General Survey Outline）。這本標準化教戰手冊，是以量化方式分析企業客戶的組織、流程、業績、預算等方面的效率。經驗尚淺的菜鳥顧問，在這篇企業分析指南的引導下，也能迅速成長為公司的可用戰力。鮑爾擔任麥肯錫總裁的17年間，公司業績攀升了10倍之多。

03

麥肯錫的疏忽

- **錢德勒私下曾經說過，「（企業與事業）戰略本身的變革」非常重要**。在石油危機（1973年）的經濟困境中，有不少只靠擴張版圖發展的企業開始提出「改採事業部組織後，該實施什麼戰略」的疑問。但這已非「組織戰略」的範疇，而是進入「企業戰略」和「事業戰略」的層面，然而麥肯錫公司卻還為充分做好準備。
- 由布魯斯・亨德森率領的新興顧問公司 ── 波士頓顧問公司（BCG）趁勢崛起，內容就留待下一章詳細介紹吧。

※2 詹姆士・麥肯錫為會計學教授，自行創業時便以「財務、預算管理服務」作為公司主打產品。

戰略規畫之父安德魯與定位學派龍頭波特

波特

安德魯老師，幸會幸會。

安德魯

別這麼客套，波特你才是在經營戰略界稱霸近 30 年吧？
我的鼎盛時期早已經是 45 年前的事了。

波特

可是若沒有您和克里斯汀生老師的指導，就沒有今天的我。
我們這些哈佛商學院畢業生，可以說都是兩位培養出來的學生呢。

戰略須個別規畫，分析有其極限

安德魯

聽你這麼說真讓我欣慰。
話說回來，你在哈佛商學院上課時，最喜歡哪一門課呢？

波特

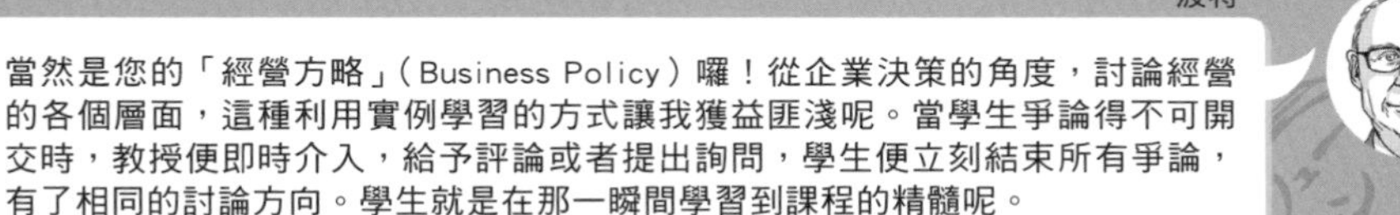

當然是您的「經營方略」（Business Policy）囉！從企業決策的角度，討論經營的各個層面，這種利用實例學習的方式讓我獲益匪淺呢。當學生爭論得不可開交時，教授便即時介入，給予評論或者提出詢問，學生便立刻結束所有爭論，有了相同的討論方向。學生就是在那一瞬間學習到課程的精髓呢。

安德魯

每家企業都不同，經營策略自然也沒有一個制式化的答案，只有分析和計畫的步驟。所以才要透過課堂上徹底討論的方式，鍛鍊學生解決問題的能力。
這就是經營方略這門課的本質啊。(《經營戰略概念》，1971)

波特

這門課真的令我獲益良多呢。

經濟分析和定位分析決定一切！

波特

「經營戰略是一門綜合的藝術」，這句話可以說是經營方略的基礎。
不過，我認為外部環境的分析應該再更嚴謹。如果任何人都無法從市場獲利，再怎麼努力也是徒勞無功吧，所以我才創造出五力分析。

安德魯

嗯……雖然我了解您的想法，但這樣就得列出幾十項需要考慮的項目……

波特

再加上經營戰略也不外乎比對手更便宜（成本導向）、比對手有更高的附加價值（差異化）、比對手慎選競爭領域（目標集中），就只有這 3 種罷了。（《競爭戰略》，1980）

安德魯

這種做法還真是單純啊……。

波特

雖然人際關係學說也很好，但企業終究是為了創造價值，也就是價值鏈（《競爭優勢》，1985）。在這個過程中，企業必須找到能夠獲利的市場，比對手更快占據優勢、創造利潤，這樣的「定位」才是經營戰略的核心！

安德魯

別激動啊……！
話說回來，你說的價值鏈，雖然是基於費堯的「六大企業活動」，但似乎和麥肯錫公司的葛拉克建立的「商業系統」（1980）有幾分相近啊。

波特

所以我才在書中加入致謝辭，以表敬意啊。儘管看起來相似，內容卻完全不同。說到我提倡的企業價值鏈啊，就是……。

安德魯

（糟糕，又開始長篇大論了……）

01 Taylor
02 Ford
03 Mayo
04 Fayol
05 Barnard
06 Drucker
07 Ansoff
08 Chandler
09 Bower

10 Andrews
11 Kotler
12 Henderson
13 Gluck
14 Porter
15 Canon-Honda
16 Peters
17 Bmarking-Robert
18 Stalk
19 Hammer
20 Hamel-Prahalad
21 Foster
22 Terman
23 Senge-Nonaka
24 Barney

戰略就是「藝術」

肯尼斯·安德魯

- 專攻英語和統計
- 30歲 進入哈佛商學院任教
- 成為經營方略課程研究小組的核心成員，推廣SWOT分析

安德魯雖然推廣「戰略規畫手法」，
卻將戰略本身視為一種藝術。
肯尼斯・安德魯
Kenneth Andrews
(1916～2005)

安德魯大學時專攻英語，
後來在二次大戰中
為了加入陸軍，
又特地學習統計。

30歲時成為
哈佛商學院教授，
34歲成為
「經營方略」
課程小組的核心成員。

以安德魯創立的
企業戰略論為中心，
這門課程大受歡迎。
萬歲
萬歲
很長一段時間
都是哈佛商學院
的熱門課程。

1965年，
《經營方略：教科書與實例》
成為哈佛商學院的教科書。
BUSINESS
POLICY

不少商學院紛紛
將這本書作為教材，
安德魯的理論很快地
成為美國經理人的
共同認知和共通語言。
盡情
使用吧！

老師！
經營方略究竟是
什麼樣的學科呢？

它是整理過去
巴納德、杜拉克、
安索夫、錢德勒、
鮑爾等人提出的觀念，
加上我個人的
全新觀點和工具
制定而成。

原…
原來如此…
請告訴我們
具體內容。

好的，首先就從
什麼是經營方略開始。
戰略，也就是方針，
代表「事業方針」。
寫
事業方針
寫
寫
可是如果解釋成
「針對企業的任務或
目標等根本問題，
制定行動架構和方向」，
會讓人摸不著頭緒吧？

就算以「頂尖經理人應該具備的功能和責任」來說明，仍不夠明確。
因此我才將擬定企業戰略的手法明確整理出來。
聽起來好像有點困難。
不會喔。
過程其實一點也不複雜。

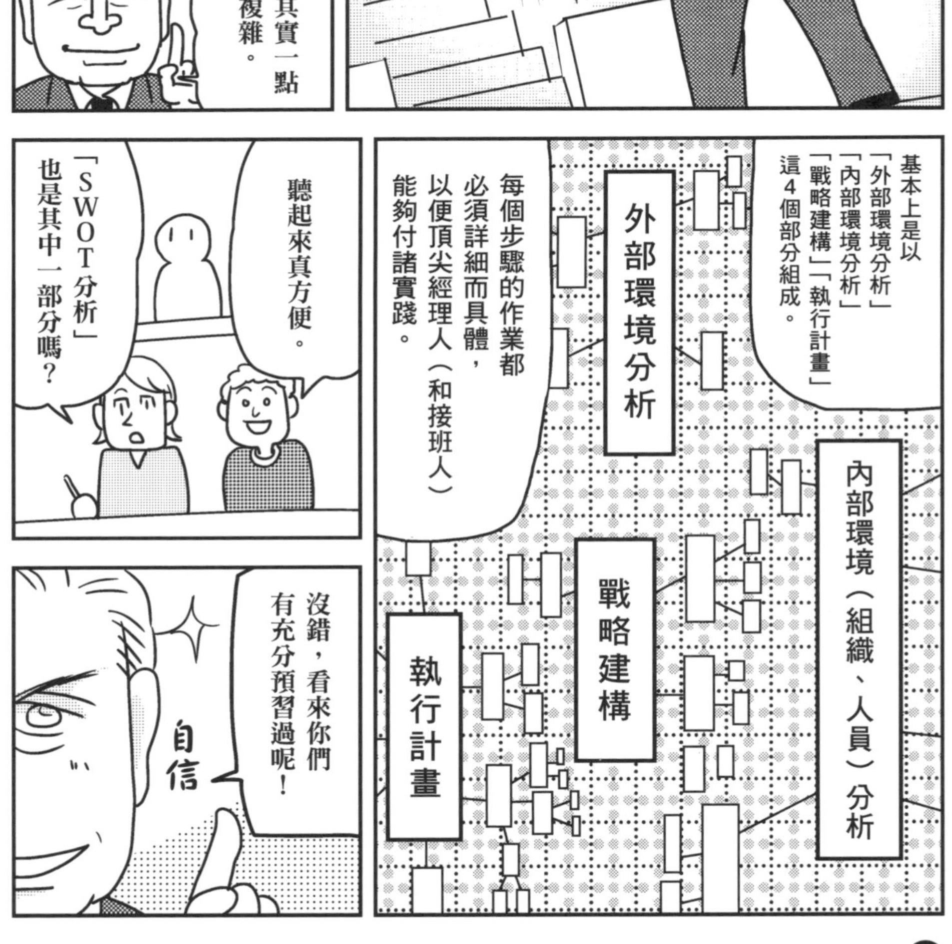
基本上是以「外部環境分析」「內部環境分析」「戰略建構」「執行計畫」這4個部分組成。
外部環境分析
內部環境（組織、人員）分析
戰略建構
執行計畫
每個步驟的作業都必須詳細而具體，以便頂尖經理人（和接班人）能夠付諸實踐。
聽起來真方便。
「SWOT分析」也是其中一部分嗎？
沒錯，看來你們有充分預習過呢！
自信

※原為史丹佛大學的阿爾伯特・韓佛瑞所創。

預定達成目標	
積極	消極
優勢 Strengths	劣勢 Weaknesses
機會 Opportunities	威脅 Threats

真…真敢說！
老師！聽起來好像也沒什麼了不起嘛！

這話是什麼意思？
踏出

採用「SWOT分析」，不是自然而然就會決定出企業戰略嗎？

實際上並不會。
欸…

因為企業戰略本身就是一種藝術！
藝術？

企業戰略包含每個企業的環境和狀況。
無法套公式，因此不妨視為一種藝術品。

懂了嗎？
大…
大概吧…

這回答太敷衍了！
心動
…

好吧，按照剛才你們的討論內容，福特的優勢在於
福特創造出量產方式。
沒錯。
預定達成目標
積極
消極
優勢 Strengths
劣勢 Weaknesses
機會 Opportunities
威脅 Threats
這難道不正是它的劣勢嗎？

呃…
各位得到的結論就是如此，不是嗎？
可是實際上又是如何呢？

反而更能證明這個觀點是正確的吧？

噹
噹
噹
原…原來如此

今天的課就到這裡。
人潮散去
人潮散去

經營方略這門課雖然討論範圍天馬行空，但安德魯教授的一席話總能帶往好的方向呢。
我同意。

真不愧是名教授！

關
門

興奮

真是太棒了！
麥可・波特
（參考第138頁）
無論是
安德魯教授，
還是
克里斯汀生教授，
不受拘束、
自由授課，
簡直堪稱
一種藝術呀！
超讚的！
興奮不已
波特正是深受安德魯
跳脫傳統的教學藝術
吸引的學生之一。

然而，
波特卻在10年後
向安德魯等前輩
舉起反旗。
什麼？
戰略規畫的分析有公式可以套用！
戰略不是
藝術!!
經營戰略可以
歸納出模式！
在這場戰爭中，
波特贏得了
最終勝利。

安德魯推廣「戰略規畫手法」，堅信戰略本身為一種藝術

01

近代管理學的集大成 —— 經營方略

- 哈佛商學院的名教授肯尼斯・安德魯（Kenneth Andrews，1916～2005），統整巴納德、杜拉克、安索夫、錢德勒、鮑爾等人提出的概念，再加上全新觀點和工具，積極推廣。
- 他不僅有一顆聰明的頭腦，對於教學更有一套，因此在34歲時成為哈佛商學院「經營方略」課程小組的核心成員。以安德魯創立的企業戰略論為中心而設計的經營方略課程大受歡迎，有很長一段時間都是哈佛商學院的熱門課程。
- 1965年，課程內容出版成教科書，書名為《經營方略：教科書與實例》。書中部分內容由安德魯所撰寫。※3 不少商學院將這本書當成教材，因此安德魯（整理、提出）的理論很快成為美國經理人的共同認知和共通語言。

02

制定企業戰略的「SWOT分析」

- 安德魯整理出擬定企業戰略的手法。過程本身一點也不複雜，基本上是以「外部環境分析」「內部環境（組織、人員）分析」「戰略建構」「執行計畫」所組成。不過安德魯將每個步驟的作業都加以詳細、具體化，以便頂尖經理人（和接班人）付諸實踐。他從分析工具中，挑選出最熱門的「SWOT分析」※4。根據近年來的調查，有超過七成企業都是使用這個分析法。※5
- 巴納德曾提到，所謂的企業戰略，是由外部環境的「機會」和內部環境的「優勢」組合而成，而SWOT矩陣就是具體實現這個觀點的分析工具。

03

企業戰略沒有公式可循，而是一種「藝術」

- 安德魯認為企業戰略是一種藝術。他在課堂上説過企業戰略是一種藝術，所有學生都沉醉在安德魯不受拘束的自由授課氛圍中。他也認為企業戰略包含每個企業的環境和狀況，是一件無法公式化的藝術品。
- 波特深受安德魯的教學藝術所吸引。然而他卻在10年後向安德魯舉起反旗，提出「企業戰略可以歸納出模式」「企業戰略可以套用公式分析來規畫」「戰略不是藝術」。
- 10年後，波特在這場戰爭中贏得最終的勝利。

※3 1971年整理成《經營戰略概念》一書，實例部分由羅蘭・克里斯汀生撰寫。

※4 SWOT矩陣為阿爾伯特・韓佛瑞（Albert S. Humphrey）所創，原本的橫軸為「對達成目標有益或有害」。

※5 根據2008年全球標竿學習網路（The Global Benchmarking Network），針對22國450家企業團體所做的調查，「客戶調查」（77%）的使用率居冠，其次是「SWOT分析」（72%）。

01 Taylor
02 Ford
03 Mayo
04 Fayol
05 Barnard
06 Drucker
07 Ansoff
08 Chandler
09 Bower
10 Andrews
11 Kotler
12 Henderson
13 Gluck
14 Porter
15 Canon-Honda
16 Peters
17 Bmarking-Robert
18 Stalk
19 Hammer
20 Hamel-Prahalad
21 Foster
22 Terman
23 Senge-Nonaka
24 Barney

當代「行銷管理」之父

菲利浦·科特勒

- 25歲 取得麻省理工學院經濟學博士學位
- 31歲 受聘於凱洛格管理學院，教授行銷學
- 36歲 出版《行銷管理》，推動行銷學普及

這個目標。
Kotler
將目前毫無秩序的行銷理論系統化，在全球廣為流傳。

※杜拉克後來還說過「經營是唯一無法外包的核心功能」這句話。

1967年，
西北大學凱洛格管理學院

這本書是我的著作喔！
Marketing Management
Philip Kotler
科特勒的著作《行銷管理》每過幾年就會修訂一次，
至今已發行到第12版，堪稱是全世界行銷管理學學生和實踐者的寶典。

我想要達到「行銷系統化」這個目標。
將目前毫無秩序的行銷理論系統化，在全球廣為流傳。
ilip Kotler

科特勒教授！
老師，我有問題
你哪位？

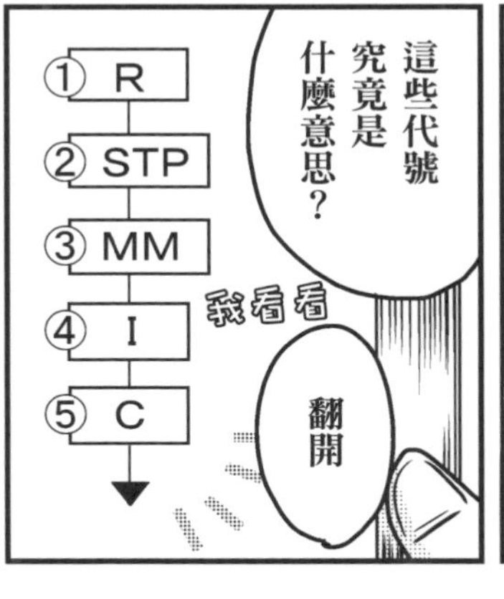
這些代號究竟是什麼意思？
① R
② STP
③ MM
④ I
⑤ C
我看看
翻開

這是戰略行銷流程喔！
戰略行銷流程？

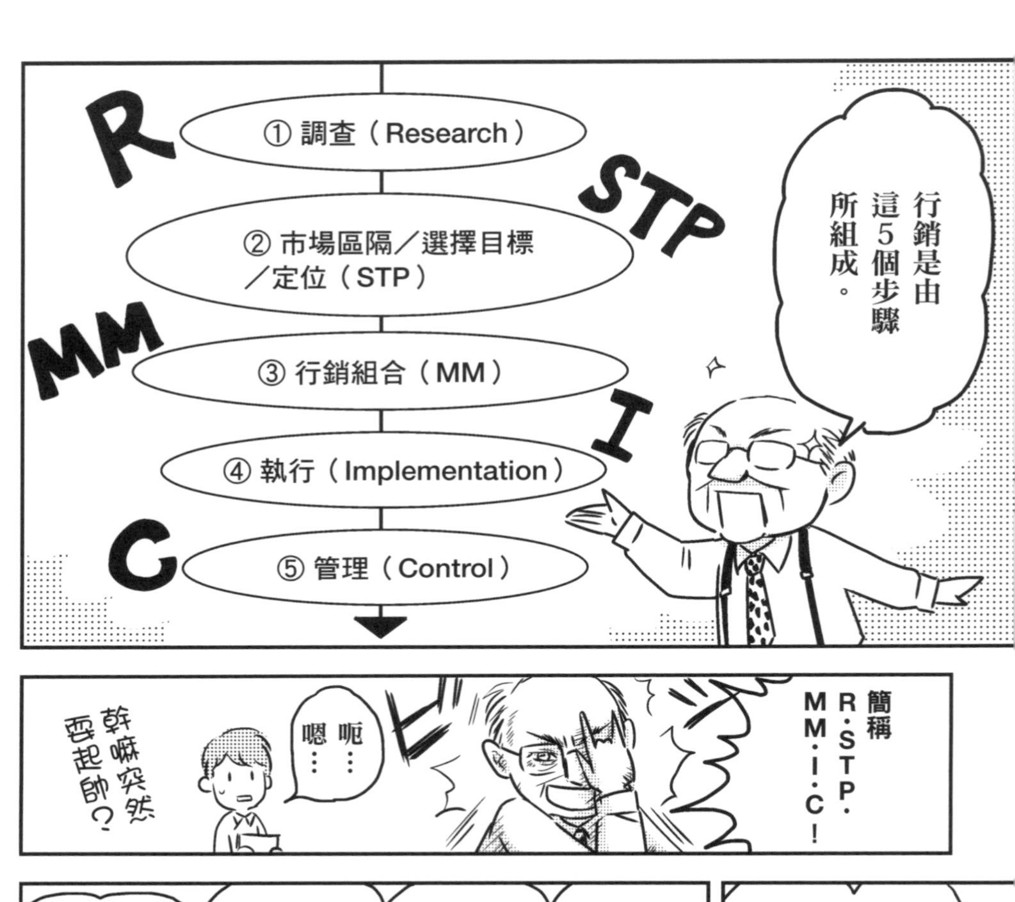
R
① 調查（Research）
STP
② 市場區隔／選擇目標／定位（STP）
MM
③ 行銷組合（MM）
I
④ 執行（Implementation）
C
⑤ 管理（Control）
行銷是由這5個步驟所組成。
簡稱R・STP・MM・I・C！
呃……嗯……
幹嘛突然耍起帥？

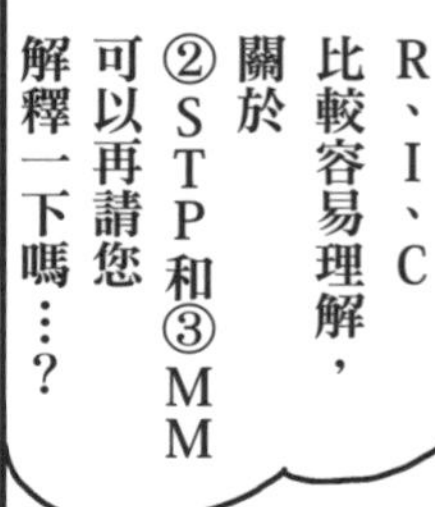
R、I、C比較容易理解，關於②STP和③MM可以再請您解釋一下嗎…？

換姿勢

所謂的STP，是以對自己有利的方式分割市場（區隔）、
選擇目標市場（目標），
決定在競爭中發展什麼樣的差異（定位），
行銷（和企業）活動也可說是始自STP。
Segmentation
Targeting
Positioning
呼
呼
嘿唷
我跳
差異
決定了！
心意已決
該怎麼區分呢？
A
B
C

可以停了嗎？
姿勢帥嗎？

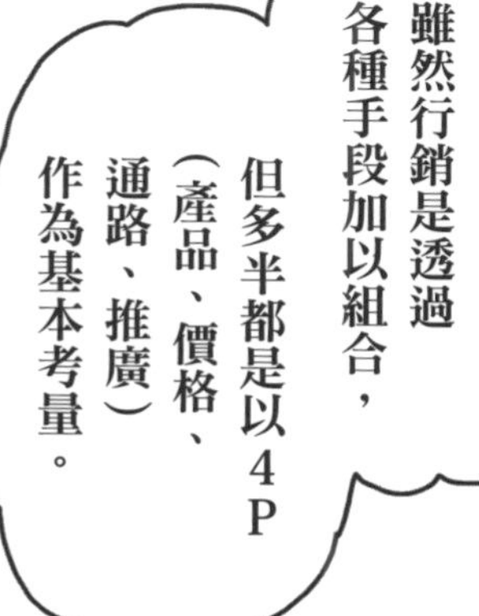

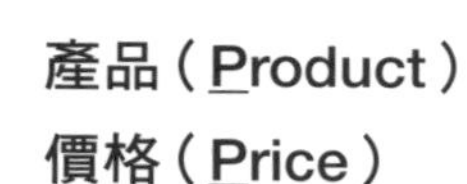

產品（Product）
價格（Price）
通路（Place）
推廣（Promotion）※

嗯嗯…

※Product～將什麼樣的產品，Price～以多少價格，Place～在什麼地方，Promotion～用什麼方式宣傳。

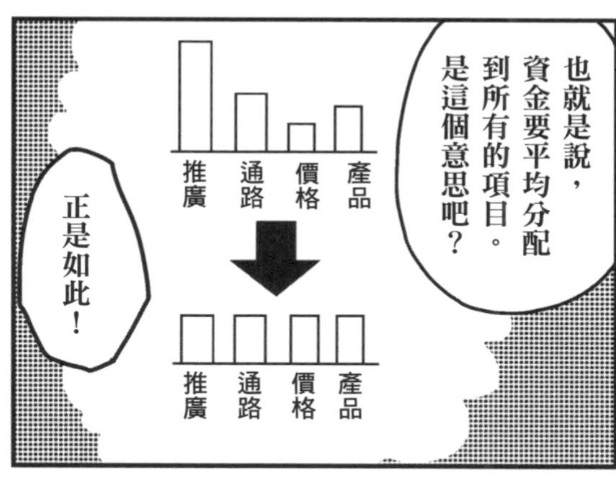

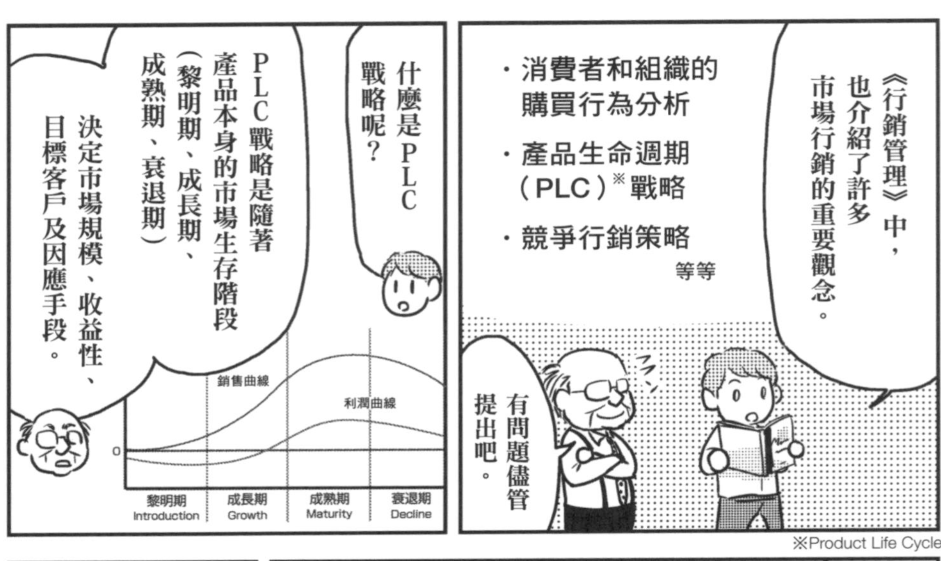

※Product Life Cycle

原來如此～那競爭行銷策略又是什麼？
競爭行銷策略是指基本戰略會隨市場定位（領導者、挑戰者、跟隨者、利基）的不同而改變。
可是呢…實際上，兩者之間又有矛盾…
咦…

PLC戰略認為「戰略（只）會決定產品本身的市場階段」，
吹口哨
競爭行銷策略認為「戰略（只）會決定參與者的市場定位」。
哪個才正確啊！

1960年代，
第二次世界大戰後，
全球景氣逐漸好轉，
歐美（尤其美國）企業
更呈現一片
史無前例的繁榮景象。
有賴於各位大師的努力，
在1970年以前，
經營戰略理論
大致趨於完成。
科特勒
巴納德
鮑爾
安德魯
杜拉克
錢德勒
安索夫

但是，
現實並非
如預期般發展。
過去的經濟大恐慌
促使企業革新
（巴納德革命）。
如今來襲的石油危機，
又再次驅使企業進化。
這也使得
波士頓顧問公司
和麥可·波特
這些經營戰略理論
定位學派的關鍵角色
陸續登場。

科特勒被譽為「行銷界的杜拉克」

01

使行銷學普及的《行銷管理》

● 洞悉「事業就是創造客戶」真理的杜拉克，留下「行銷的目的是為了不必銷售」這麼一句話。這項用來形容行銷活動的完美定義，至今仍然廣為引用！

● 西北大學凱洛格管理學院的菲利浦・科特勒（Philip Kotler，1931～），正是市場行銷學的權威之一，又被喻為行銷之父。他的著作《行銷管理》自1967年初版發行以來，每過幾年就會修訂一次，至今已發行第12版，成為全球學生和實踐者的寶典。

● 科特勒想要達到「行銷系統化」的目標。書中的行銷觀念並非他一人所創，但卻是他將至今繁亂無序的行銷理論系統化，在全球廣為流傳，成就非凡。

02

戰略行銷流程、STP、MM

● 一如安德魯建立的企業戰略規劃流程，科特勒也創造出「戰略行銷流程」，又稱為「R・STP・MM・I・C」，由下列5個步驟組成。

・①調查→②市場區隔、選擇目標、定位（STP）→③行銷組合（MM）→④執行→⑤管理

● 所謂STP，是以對企業有利的角度，分割市場（區隔）、選擇目標市場（目標），決定在競爭中發展什麼樣的差異（定位）。行銷（和企業）活動也可說是始自STP，終於STP。MM則是使STP更具體的階段。雖然行銷會組合各種手段，但多半都是以4P（產品、價格、通路、推廣）※6作為基本考量。

03

產品生命週期戰略與競爭行銷戰略的矛盾

● 此外，他也提出消費者和組織的購買行為分析、產品生命週期戰略（PLC）、競爭行銷策略，都是相當實用的觀念，也附有實例研究加以證明，因此受到廣泛運用。只是兩者之間仍有矛盾之處……。

● 1960年代，二戰後全球景氣逐漸好轉，歐美（尤其美國）企業更呈現一片史無前例的繁榮景象。在巴納德、杜拉克、安索夫、錢德勒、鮑爾、安德魯，以及科特勒等人的努力下，經營戰略論在1970年以前看似趨近完成，但事實並非如此。**過去經濟大恐慌促使企業革新（巴納德革命），如今來襲的石油危機，又再次驅使企業進化**。這波危機使得波士頓顧問公司和麥可・波特這些經營戰略理論定位學派的關鍵角色陸續登場。

※6 傑羅姆・麥卡錫（Jerome McCarthy，1928～）於《基礎行銷》（*Basic Marketing*，1960）中提出。

Chapter 1

Chapter 2

Chapter 3

Chapter 4

第 3 章

定位學派的大躍進

麥肯錫公司的建構者 鮑爾和
波士頓公司的創立者 亨德森

鮑爾

亨德森，我也差不多到退休年齡了。
現在的麥肯錫，是我在1939年麥肯錫先生過世後才接手，至今已過35年，真不知道未來趨勢會如何變化。不管世界如何改變，我們這些專業人士，都得帶領世界前進才行。

亨德森

鮑爾先生，請您看看我這份分析報告。
我們公司的年輕顧問克拉克森，他發現生產成本會隨著經驗累積而逐漸下降，形成一條曲線。
這種曲線叫作經驗曲線（1966），看起來很美吧！

鮑爾

它傳達出什麼訊息呢？

亨德森

從前大家都以為，在同一個國家從事相同的事業，任何企業付出的成本都一樣。但如今我們知道，不同企業的成本並不相同，這究竟是為什麼呢？
其實答案都能在這條曲線中找到。不，可以說它向我們揭示了「未來」的走向！

描繪未來趨勢的經驗曲線

鮑爾

只靠一條「經驗」曲線？

亨德森

沒錯，全靠這條經驗曲線。
這條「曲線」在對數座標圖上會呈現直線，只要往未來的方向延伸這條曲線，就能看出「只要再持續生產幾個月，生產成本就能降低多少」。
這麼一來，我們就能知道應該降低多少價格，甩開競爭對手。

鮑爾

原來是對數座標圖啊，聽說你為了進行這項分析，特別高薪僱用哈佛商學院和史丹佛大學的優秀學生吧？還以「徵求優秀人才，經驗不拘」作為徵才口號呢。

亨德森

沒錯！還有個名叫洛克瑞吉的矩陣天才，不久前才提出「成長與市占率矩陣」（1969），實在巧妙。
也有人將這個矩陣稱為「BCG 矩陣」或「PPM（產品組合管理）」。

鮑爾

原來是「金牛」（Cash cow）、「明日之星」（Star）、「問題兒童」（Problem child）、「瘦狗」（Dog）這四大事業啊⋯⋯。
確實，我們的客戶多半都為多角化事業的管理而煩惱，這樣的分類正好對事業管理帶來幫助，了解這項事業是否值得投資。

鮑爾

話說回來，如果光以「市場成長率預測值」和「相對市占率」來區分，我想還是太過簡單了吧。

綜合企業管理需求，催生 BCG 矩陣

亨德森

為了讓企業靈活因應環境變化，在全美推動「事業部組織」及「分權化」的人，並非只有鮑爾你喔。麥肯錫已經提出錢德勒「組織跟隨戰略」的思想，企業為了便於管理，幾乎都朝多角化的方式發展。
從這個角度來看，也可視為是「戰略跟隨組織」吧！然而企業的野心永無止境，擁有數百家子公司的綜合企業，讓經理人管理不暇，所以我們賦予企業一項武器，使總部能夠和子公司負責人和事業部個理抗衡！

鮑爾

⋯⋯聽說貴公司的業績一直蒸蒸日上啊。

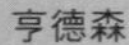

最近的石油危機（1973）就是轉捩點。
在此之前，企業總是恣意妄為，我們正好藉此機會大肆整頓一番，接下來就能利用新的觀念，為企業把脈啦。

鮑爾

呵呵，你的如意算盤打得可真精呀。我們也不會敗在你的手下。
麥肯錫後來除了強化經營戰略服務，也聘用資質不錯的企業顧問，我們服務的客戶也是超一流的企業呢。

鮑爾

對了，我還聽說波士頓顧問公司有一位優秀員工獨立創業了。
名字好像叫貝恩吧？

亨德森

呃……他真的非常優秀。
當初離開時，他還說：「規劃短期的戰略專案實在沒什麼成就感，我要開創出新的管理顧問型態！」要管理這些優秀人才還真是相當困難呢……。

01 Taylor
02 Ford
03 Mayo
04 Fayol
05 Barnard
06 Drucker
07 Ansoff
08 Chandler
09 Bower
10 Andrews
11 Kotler
12 Henderson
13 Gluck
14 Porter
15 Canon-Honda
16 Peters
17 Bmarking-Robert
18 Stalk
19 Hammer
20 Hamel-Prahalad
21 Foster
22 Terman
23 Senge-Nonaka
24 Barney

「時間、競爭、資源分配」三大躍進

布魯斯·亨德森

- 就讀哈佛商學院，在畢業前3個月輟學
- 輾轉經歷3家製造商與1家顧問公司
- 48歲 創立波士頓顧問公司
- 1980年前擔任BCG總裁，其後繼續擔任董事長至1985年

亨德森創立
波士頓顧問公司，
發起三大革新。
時間
資源分配
競爭
布魯斯・亨德森
Bruce Henderson
(1915～1992)

什麼？……
你要離開學校？
因為這裡學
不到東西啊。

亨德森在大學
主修機械工程，
在哈佛商學院
畢業前的3個月
自主輟學。
學校拜拜
我要去
上班了

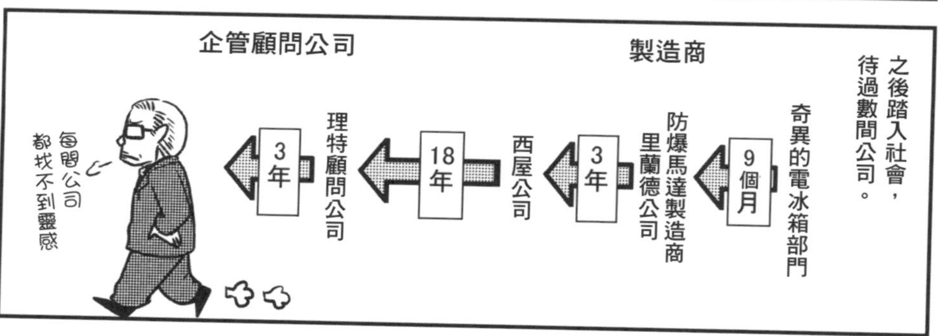

之後踏入社會，
待過數間公司。
製造商
企管顧問公司
奇異的電冰箱部門
9個月
防爆馬達製造商
里蘭德公司
3年
西屋公司
18年
理特顧問公司
3年
每間公司
都找不到靈感

話說回來，
里蘭德不過是小企業，
為什麼能夠以比大企業
更低的成本，
進行生產銷售呢？
為什麼企業會對
虧損事業和產品
緊抓不放呢？

我想徹底分析
企業和市場，
找出企業活動
的機制。
儘管一路走來
跌跌撞撞，
但企業活動對我來說
真是非常有趣！
躍躍欲試
決定了！

既然如此，我就自己開一間顧問公司吧！
於是，亨德森創立了波士頓顧問集團（BCG），完成他的夢想。
ドーン

亨德森強烈的求知欲，成為創設波士頓顧問公司的原動力。
創立顧問公司後，還得找得力助手。
馬上發出徵才消息！
寫
寫
·業界經驗不拘
·擁有過人求知欲和知識水準
·高薪徵求
BCG亨德森
寫好了！
就貼在哈佛商學院的公告欄。
叩
叩
啊！這麼快就有消息！
來了
來了
開門
我看到貴公司的徵才訊息…
在校成績如何？
什麼？
在哈佛商學院裡只算中等啊…

這可不行，本公司需要頂尖人才。
媽呀！

只是一間剛成立的公司，卻將成績非頂尖的求職者拒於門外。
咿咿咿咿
成績提升後再過來試試吧
哦哦真酷！
不過，有位年輕人欣賞這種做法，20年後成為這間公司的總裁，他的名字是約翰．克拉克森。
約翰．克拉克森
John S. Clarkeson
(1943～)

幾個月後
不錯不錯，慢慢步入正軌了～
本公司的電視零件產品，價格總是落後競爭對手。
我了解了，就讓本公司調查一下吧。
克拉克森，你從「學習效果」開始著手調查。
哦哦
學習效果嗎…？
通用器材的總經理前來拜訪。
嗯
真是有趣！
嘿嘿
求知欲啟動!!!

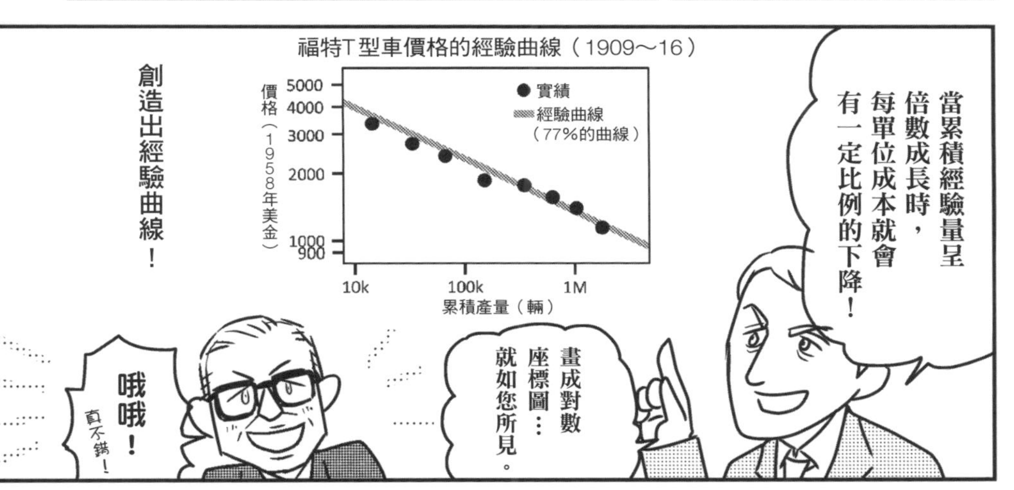

- 只要擴大生產和銷售量來提升市占率，就能在價格戰中搶得先機，使經驗曲線急劇下降
- 成本壓得比競爭對手更低，進而在價格戰中取得優勢地位

這些觀點正好說明日本企業當時以提升市占率為最高原則，將短期利益放在一旁，令美國企業備感威脅的原因。

他進入美國海軍服役並學習日語，後於芝加哥大學取得人類學和臨床心理學博士學位，以研究員身分到訪日本。

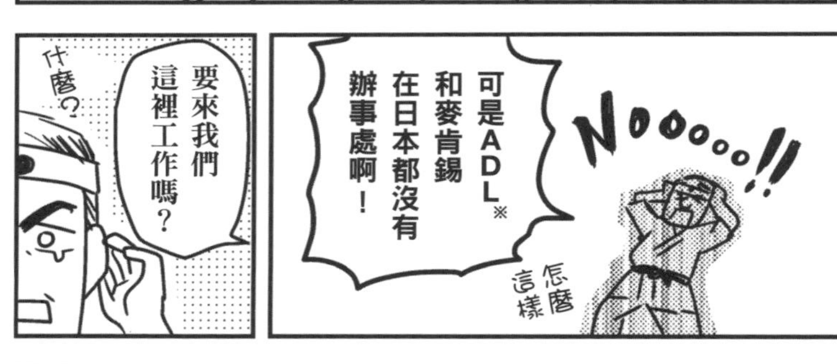

※理特顧問公司

※同時間也在慕尼黑（德國）開設辦事處

1966年，波士頓顧問公司成立僅僅3年，於東京設立第2個辦事處※。

萬歲
萬歲
壽司
成長!!
歌舞伎
富士山
BCG東京辦事處

當管理顧問公司崇尚美國至上主義時，唯有波士頓顧問公司反其道而行，成為全球化的先驅。

BCG的成長與市占率矩陣

		相對占有率	
		高	低
市場成長率	高	明日之星 Star	問題兒童 Problem Child
	低	金牛 Cash Cow	瘦狗 Dog

緊接著，在1969年，BCG史上最強的產品誕生了。
竊笑
終於完成了

這個矩陣堪稱劃時代產品，具有雙重意義，

正是這位總裁夢寐以求的工具。

①以一目了然的圖表呈現

②能以實際的事業定位來分析數值

從經營的角度來看，這個表格清楚呈現「基本事業方針」和「基本財務方針」。

舉例來說，成長率較低（成熟市場）、相對市占率較高（領先），就能視為「金牛」事業。
基本事業方針是「維持低成長、高市占率」，基本財務方針則採「維持最基本的開支，當成現金來源」，因此稱為「金牛」。
BCG的
高
低
日之
Star
金牛
Cash Cow
將「金牛」的現金投資需要更多資金的「明日之星」事業。
針對「問題兒童」進行重點投資。
這裡
這裡
這裡
相對占有率
高
低
明日之星
Star
問題兒童
Problem Child
金牛
Cash Cow
瘦狗
Dog
成長不佳、低市占率的「瘦狗」事業，應該立即出售或退場。
這個就是各位經理人和轄下事業部部長抗衡的最強武器！
哦——！
4年後，這個矩陣工具在席捲全球的經濟風暴中，成為各家企業的經營準則。

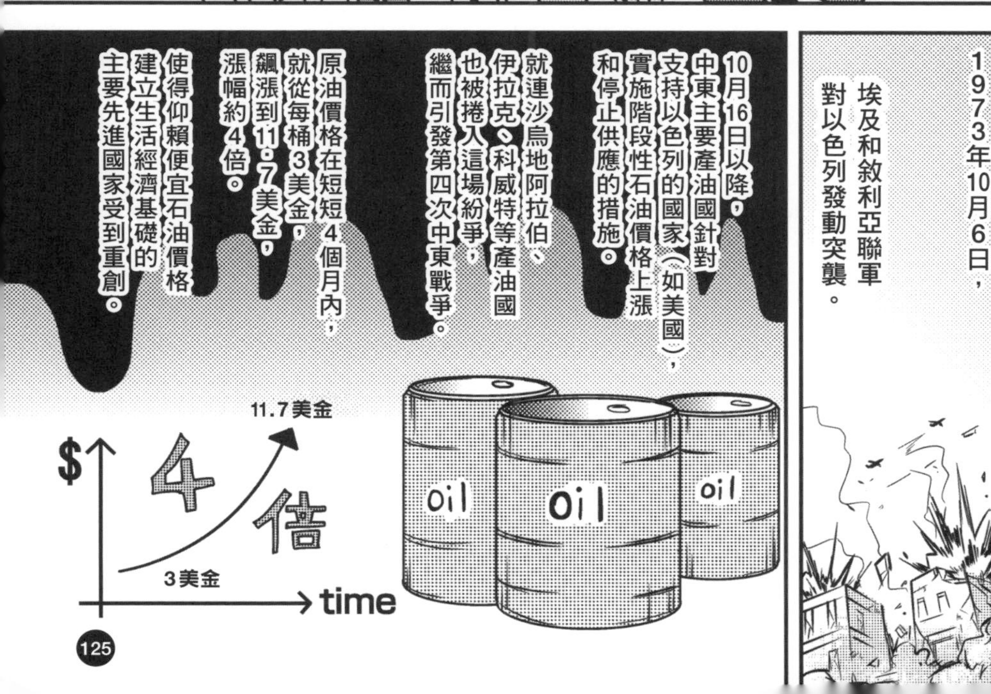

1973年10月6日，埃及和敘利亞聯軍對以色列發動突襲。
10月16日以降，中東主要產油國針對支持以色列的國家（如美國），實施階段性石油價格上漲和停止供應的措施。
就連沙烏地阿拉伯、伊拉克、科威特等產油國也被捲入這場紛爭，繼而引發第四次中東戰爭。
原油價格在短短4個月內，就從每桶3美金，飆漲到11.7美金，漲幅約4倍。
使得仰賴便宜石油價格建立生活經濟基礎的主要先進國家受到重創。
11.7美金
$
4倍
3美金
time
oil
oil
oil

		相對占有率	
		高	低
市場成長率	高	明日之星 Star	問題兒童 Problem Child
	低	金牛 Cash Cow	瘦狗 Dog

《戰略之王》的作著
華特・凱契爾三世
各位好，
華特・凱契爾三世
Walter Kiechel Ⅲ
原本只能指引
大方向的「經營戰略」，
在這些工具協助下，
一夕之間變成可以用
數值分析的作業。

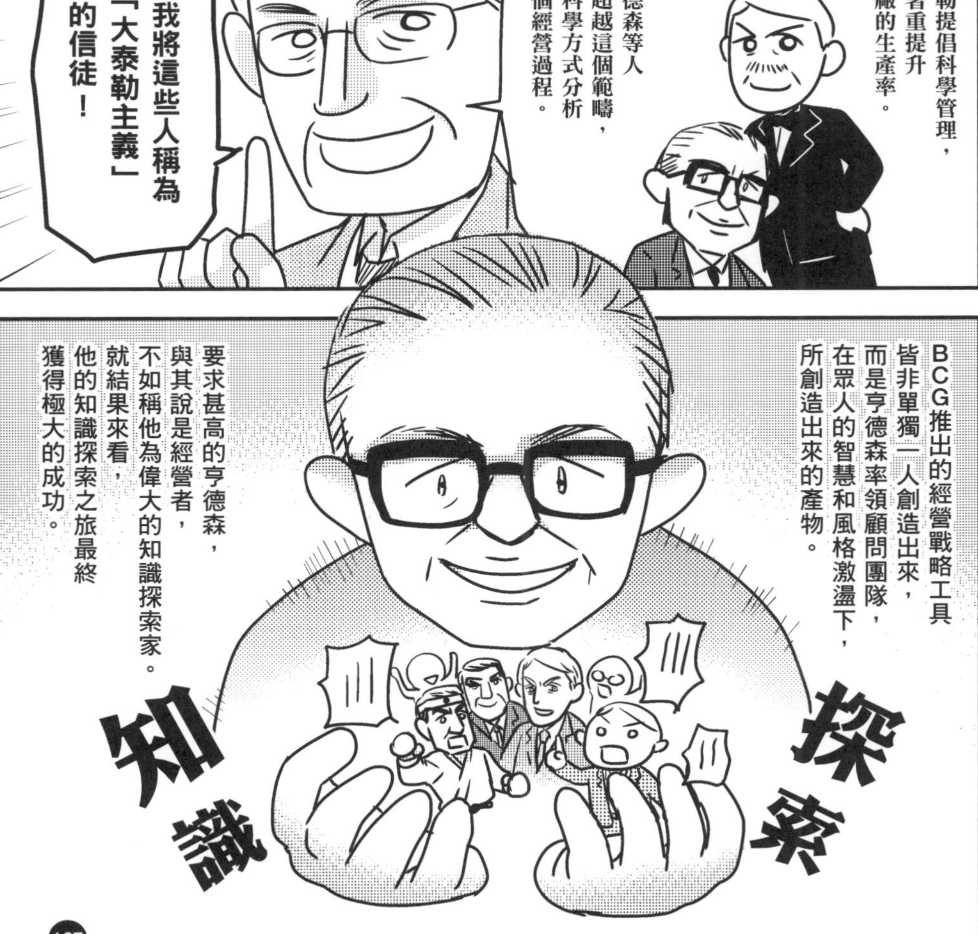
泰勒提倡科學管理，
只著重提升
工廠的生產率。
亨德森等人
則超越這個範疇，
以科學方式分析
整個經營過程。
我將這些人稱為
「大泰勒主義」
的信徒！
BCG推出的經營戰略工具
皆非單獨一人創造出來，
而是亨德森率領顧問團隊，
在眾人的智慧和風格激盪下，
所創造出來的產物。
要求甚高的亨德森，
與其說是經營者，
不如稱他為偉大的知識探索家。
就結果來看，
他的知識探索之旅最終
獲得極大的成功。
知識
探索

亨德森創設波士頓顧問公司
時間、競爭、資源分配的三大躍進

01

創始人的強烈求知欲

- 布魯斯・亨德森（Bruce Henderson，1915～1992），大學主修機械工程，在哈佛商學院畢業前3個月輟學。1963年，他在48歲時創立波士頓顧問集團（BCG），企圖徹底分析企業和市場，找出企業活動的機制。為了達到這個目的，需要同樣擁有過人求知欲和知識的伙伴一起加入。
- 波士頓顧問集團開出高薪尋找人才，徵才條件是「**擁有過人求知欲及知識水準，經驗不拘**」。但畢竟是一間剛起步的公司，且亨德森篩選求職者的條件非常嚴格，就算是哈佛商學院的高材生，成績若非名列前矛也不會錄用。如此高門檻反而引起一位年輕人的興趣，這個人就是20年後成為公司總裁的約翰・克拉克森（John S.Clarkeson，1943～），他也是公司內少數幾位編號為個位數的員工。

02

將「時間」「競爭」「資源分配」分析手法引進經營戰略觀念

- 費堯和巴納德建立，由杜拉克發揚光大的經營戰略理論，在1960年對一般的經營者來說，仍算不上是「可用的工具」。
- 錢德勒的戰略論曖昧不明；安德魯的戰略規劃手法除了SWOT分析之外都是不著邊際；一代巨匠安索夫的經營戰略論則令人費解[※7]。麥肯錫公司將全部精力放在組織戰略上，波士頓公司則趁此良機，提供「有用的戰略工具」，獲得空前勝利。
  - ・「持續增長方程式」→可預測未來，連結財務與成長
  - ・「經驗曲線」→可預測未來，分析競爭力
  - ・「成長與市占率矩陣」→可在事業之間調配資源
- 這些工具都為頂尖經理人帶來前所未有的幫助。不只在事業戰略或企業戰略的層面上提供協助，也帶給企業綜合解答。1979年，將近一半的大型企業，都採用波士頓顧問公司的「成長與市占率矩陣」，規劃經營戰略。[※8]

03

亨德森締造的「大泰勒主義」

- 原本只能指引大方向的「經營戰略」，一夕之間變成「可以用數值分析」的科學。《戰略之王》的作著華特・凱契爾三世，特別命名為「**大泰勒主義**」。
- 波士頓顧問公司推出的經營戰略工具，皆非單獨一人創造，而是亨德森率領顧問團隊，在眾人的智慧和風格激盪下創造出來的產物，這些工具都長期受到企業廣泛利用。要求甚高的亨德森，與其說是經營者，不如稱他為偉大的知識探索家。就結果來看，他的知識探索之旅也獲得極大的成功。

※7 安索夫歸納的經營戰略規劃流程中，共有57個應該檢討的部分。

※8 由歐洲工商管理學院的哈斯佩拉副教授調查，1982年於《哈佛商業評論》發表。

01 Taylor
02 Ford
03 Mayo
04 Fayol
05 Barnard
06 Drucker
07 Ansoff
08 Chandler
09 Bower
10 Andrews
11 Kotler
12 Henderson
13 Gluck
14 Porter
15 Canon-Honda
16 Peters
17 Bmarking-Robert
18 Stalk
19 Hammer
20 Hamel-Prahalad
21 Foster
22 Terman
23 Senge-Nonaka
24 Barney

麥肯錫公司的反擊

弗雷德里克・葛拉克

- 運籌學博士，於貝爾實驗室擔任攔截導彈開發項目的負責人
- 32歲 在缺乏業界經驗的情況下進入麥肯錫公司，不受重視
- 1988～94年 擔任執行長

麥肯錫公司在
弗雷德里克・葛拉克的帶領下
展開反擊。
弗雷德里克・葛拉克
Frederick Gluck
(1935～)

葛拉克取得運籌學博士學位後，
進入貝爾實驗室擔任
攔截導彈研發小組
的負責人。
發射
Go
啟動

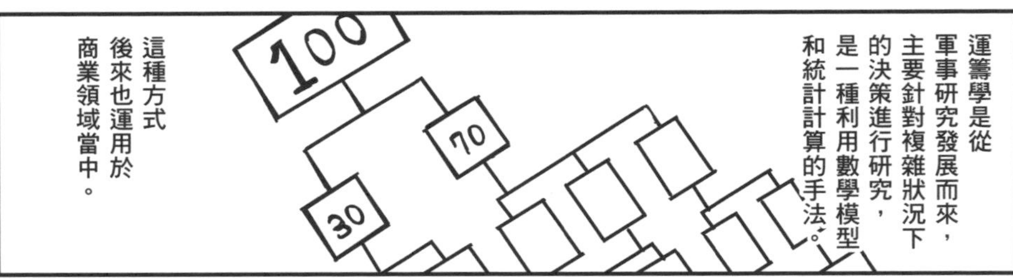

運籌學是從
軍事研究發展而來，
主要針對複雜狀況下
的決策進行研究，
是一種利用數學模型
和統計計算的手法。
100
70
30
這種方式
後來也運用於
商業領域當中。

1967年，
葛拉克終於如願
進入麥肯錫。
總算成為麥肯錫的一分子！
太棒啦！

然而，
他毫無業界經驗，
進入公司後
反而被視為異類，
沒有人願意
讓他參與專案。
喂喂，讓我摻一腳啊！
不然會後悔！
假裝沒聽見
趕快捲鋪蓋走人吧

1年後，
他的職涯危機
開始化為轉機。
入職第1年
人事評鑑會議

字
分數
萊特
6
葛拉克
1

葛拉克去年沒有績效。
那就將他解雇吧。

不過人事單位進行面談時，他卻對正在參與的專案提出爆炸性發言。
這個專案根本無法帶給客戶利益。

啊？
你剛才說什麼？
我說這個專案毫無價值可言。

怎麼回事？
還聽不懂嗎？
也就是說…
葛拉克向主管報告麥肯錫和客戶之間的認知差異及詳細情況。
…我要說的就是這些。
唔…
隔天
葛拉克，主管叫你過去一下。

我們決定終止這項專案。
你的看法完全正確。
哦
葛拉克的主管們連夜召開電話會議，針對他的看法展開一番討論，最後做出這項決定。

你值得更好的機會。
趁此大展身手吧
どーん

我一定不負所託。
ーん
ばー

…
…

總算發現我的實力了

葛拉克後來在公司內一帆風順。

1976年更坐上執行長的寶座。

1970年代麥肯錫公司度過創建以來最艱困的10年。
BCG
糟、糟了
貝恩
雖然仍居業界第一，但成長停滯不前，後面還有波士頓顧問公司和獨立創業的貝恩緊追不捨。
迅速崛起

1976年，羅恩・丹尼爾時任麥肯錫公司的總裁。
再這樣下去，被趕下台也是遲早的事。
我想葛拉克或許能幫忙度過這個危機。

丹尼爾任命葛拉克為戰略服務的負責人。
葛拉克，全看你的了！
感謝您的信任。

那麼先從集訓開始吧……
微笑

①從全球找來30位年輕顧問，進行為期兩天的戰略集訓。

原本所有人意見分歧讓我大失所望，但這位來自日本的大前研一卻相當優秀。
②以大前研一為主，組成6人超級團隊。
將公司內外的知識做了系統性整理。

③號召所有合作伙伴※展開為期1週的研討會。
這不是很有趣嗎！參與者卓越的見解更勝講師一籌呀！
討論得很熱烈嘛

④對外發表公司內部使用的工作文件。
向社會推出戰略觀念！
厚厚一一一疊

※股東兼員工

進展還順利嗎？
精神煥發
當然了！
尤其是公司內部的研討會，更是大受好評呢。

葛拉克每週都找來15～20位合作伙伴，進行為期一週的集訓。
這項計畫共持續兩年之久。
透過這樣的方式，將麥肯錫變成企業與事業戰略服務導向的公司。

1979年，
葛拉克
你做得太棒了！
沒想到能在戰略
這個領域創造出
一半的業績。
你太強了
握緊
當然！
都在我的
掌握中。
如我所料

可惜的是，
當時建立的
許多戰略觀念
幾乎全軍覆沒。
別…
別提了
不過，
麥肯錫依然借助
大前研一之力，
持續推動
強化戰略服務。

幾年後，
您找
我嗎？
葛拉克啊，
以後公司就
交給你了。
我一定不會
辜負您的期望。
早該這樣
做了
麥肯錫的領導者
是由所有合作伙伴，
以「民主方式」投票選出。
投票箱
這項人事制度，
正是使麥肯錫這間
人們口中的「農場公司」，
變成「戰略農場公司」的
最佳證明。
所有人
都跟著
我走吧！
Mckinsey
&Company

葛拉克率領麥肯錫展開反擊

01

攔截導彈的研發者葛拉克，於麥肯錫大展身手

- 1967年，麥肯錫顧問公司招募到一名異類。弗雷格・葛拉克（Frederick Gluck，1935～）出身清寒，在取得運籌學（Operations Research）的博士學位後，進入貝爾實驗室，擔任反彈道飛彈※9研發小組的負責人。運籌學源自泰勒的理論，是從軍事領域發展而來，主要針對複雜狀況下的決策進行研究，乃是一種利用數學模型和統計計算的手法，這種方法後來也被運用於商業領域當中。
- 儘管順利進入公司，但沒人願意讓毫無業界經驗的葛拉克參與專案；縱使有機會參與，評價也不高。然而他冷靜向上司分析專案的根本問題，獲得認可。
- 後來他在麥肯錫公司內的發展一帆風順，9年後更成為資深合夥人。同年，羅恩・丹尼爾成為麥肯錫的領導者，安排**葛拉克負責推動「強化戰略服務」**。

02

不使用戰略工具，透過集訓改造合作伙伴的觀念

- 1970年代堪稱麥肯錫創設以來最艱困的10年。雖然地位仍居業界第一，但成長停滯不前，後面還有波士頓顧問公司和獨立創業的貝恩緊追不捨。為了迎擊多方威脅，丹尼爾任命葛拉克為戰略服務（組織、營運改革以外的企業和事業戰略）的負責人。
- 葛拉克嘗試各種方式，最後認為「對合作伙伴（經營幹部）展開為期1週的研討會集訓」效果最佳。他每週找來15～20位合作伙伴，進行為期1週的集訓，這項計畫共持續兩年之久。透過這樣的方式，帶領麥肯錫朝向「企業與事業戰略服務」為導向。**1979年，麥肯錫有一半的業績都來自「戰略」這個領域**，成功達到當初設定的目標。
- 可惜的是，當時建立的許多「戰略觀念」幾乎全軍覆沒。雖然開發出類似BCG「成長與市占率矩陣」的「GE矩陣」（3×3矩陣，共9個象限），但太過複雜，就連葛拉克自己也搞不清楚。
- 即便如此，麥肯錫仍持續推動這項「強化戰略服務」，直到擔任總裁12年的丹尼爾卸任後，才由合作伙伴以「民主投票」方式選出葛拉克為繼任者。既非工具也非觀念，這項人事制度，正是讓麥肯錫這間人們口中的「農場公司」，變成「戰略農場公司」的最佳證明。

※9 美國陸軍的斯巴達飛彈，附有核彈頭，可從太空攔截敵國的彈道飛彈。

01 Taylor
02 Ford
03 Mayo
04 Fayol
05 Barnard
06 Drucker
07 Ansoff
08 Chandler
09 Bower
10 Andrews
11 Kotler
12 Henderson
13 Gluck
14 Porter
15 Canon-Honda
16 Peters
17 Bmarking-Robert
18 Stalk
19 Hammer
20 Hamel-Prahalad
21 Foster
22 Terman
23 Senge-Nonaka
24 Barney

「定位學派」的龍頭

麥可·波特

- 取得哈佛商學院的MBA學位，再取得經濟學博士學位；創立「五力分析」
- 於哈佛商學院任教，瀕臨解僱時開發熱門課程「ICA」
- 33歲　出版《競爭戰略》，引發搶購熱潮
- 35歲　成為哈佛商學院史上最年輕擁有終身資格的正式聘任教授

話雖如此，但擬定戰略的方式，會隨著企業所處狀況而有無限多種可能。
呵呵
安德魯
等一下！
糟糕！
企業狀況可以定型化分析出來，就連答案也有模式可循唷！
這是什麼話？
波特與哈佛商學院的恩師所做出的結論大唱反調。
由此可見，波特是大泰勒主義的追隨者。

終於輪到
定位學派的龍頭，
麥可・波特登場了！
在經營戰略論的百年史中，
找不到一位像他一樣
能夠活躍如此之久的人。
麥可・波特
Michael E. Porter
（1947～）

在普林斯頓大學
學習航空工程後，
進入哈佛商學院
就讀MBA課程，
開始接觸商業領域。
嗯嗯
原來如此
R・克里斯汀生
安德魯
受羅蘭・克里斯汀生
和肯尼斯・安德魯的
教學啟發，
讓他一頭栽入
商業領域無法自拔。

但在完成MBA的課程後，
他並未往更高一層的DBA
（企業管理博士）發展，
而是選擇到查爾斯河對岸的
哈佛大學經濟系就讀，
最後取得經濟學博士學位。
Ph.D.
好耶！
拿到學位！

比起學習
商業和戰略，
在學術領域鍛鍊
嚴謹的分析能力
比較適合我吧。
波特的博士論文
「五力分析」
榮獲經濟學最優秀獎。
你們在嫉妒嗎？
最優秀獎
然而，
在哈佛商學院
卻反遭差評。
竊竊私語
五力分析
是什麼東西！
一點也不實用嘛！
哈佛商學院的教授

波特雖然進入哈佛商學院任教，但地位岌岌可危，更差點遭到解僱。
吵死人了
別太猖狂了！
尊重一下前輩啊！
唔
留任下來的波特，開發一門熱門課程ICA（產業競爭分析），更出版《競爭策略》贏得大眾掌聲。
我們能透過經濟學來分析戰略！盡情挖掘知識吧！
書名雖是《競爭策略》，內容卻和產業分析相關！企業家快來充實自我吧！
哦 哦 哦 哦 哦 哦 哦
《競爭策略》創下商業書籍空前的銷售量。
COMPETITIVE STRATEGY
Michael E. Porter
輸了
好不甘心
可惡
怎麼樣啊
波特以僅僅35歲的年紀，當上哈佛商學院的正式教授。
「五力分析」「三大戰略」「價值鏈」是波特在經營戰略論歷史中留下的重要成就。
下面讓我一一說明吧。
首先是「五力分析」，可以說是產業競爭分析和《競爭策略》的核心。
五力架構
新加入者 Entrant
競爭對手 Competitor
供應方 Supplier
購買方 Buyer
替代品 Substitution
①進入障礙 × 預測衝擊
②退出障礙 × 競爭特性
③功能取代性 × 價格差異
④⑤集中度、重要性、差異性、取代性
擬定競爭戰略時，最重要的是掌握「業界結構」。
只要把注意力放在這「5種能力」!!

經營戰略論的目的，原本就是要讓企業獲利，
因此應該選擇「可獲利市場」，倘若沒有取得優於競爭對手的「獲利位置」，一切努力都會化為泡影。
定位
飛躍
獲利位置
可獲利市場
這兩項就是「定位」的基礎！
可獲利市場
可以獲利的位置
事實上，五力分析只是判斷企業是否處於「可獲利市場」的工具罷了。
話雖如此，對許多研究戰略的人來說，五力分析仍帶來不少的幫助。

舉例來說，安德魯雖然大力推廣SWOT分析，但對於外部環境的「機會」與「威脅」卻含糊帶過。
哇！有它就輕鬆多啦！
五力分析列表
波特則列出多達50項外部環境分析清單。
使得五力分析開始成為分析外部環境的萬用工具。
其次是「三大戰略」。
只有3種「獲利位置」。

波特的三大戰略

		競爭優勢來源	
		成本	差異化
對象市場	高	**成本導向 Cost Leadership**	**差異化 Differentiation**
	低	**集中 Focus** 成本集中	差異化集中

教授請您說明更詳細一點。
好的，所謂的「成本導向戰略」，是指採取低成本的競爭手段。
以壓低成本的方式競爭，不僅可以採低價策略，也能提高利潤，進而打入市場管道（批發和零售）。
這就是過去福特T型車採取的做法。
附加價值
「差異化戰略」又是如何攻占市場呢？
差異化戰略是指帶給客戶高附加價值的競爭方式。

汽車市場的後起之秀通用汽車，就是以高品質、高價格的凱迪拉克等車系席捲市場。
正是差異化戰略的典型範例。
企業本身必須對於參與競爭的目的，
以及公司的定位有所了解。

決定是否捨棄整個市場，重點鎖定利基市場，
或者採取低價策略，
抑或提高附加價值和對手競爭，
只有這3種選擇！
波特創造出「五力分析」「三大戰略」這兩項工具，在經營戰略論中占有一席之地，被譽為「定位學派的龍頭」。

然而波特的《競爭策略》中，
幾乎找不到有關
企業和事業戰略的具體描述。
這是當然啦，
原本就是用來分析
產業和產業結構。
這些本來就是
我的研究主題嘛！
COMPETITIVE STRATEGY
Michael E. Porter
波特還試著將
經營戰略簡化為
「經濟學上的定位選擇問題」。

話雖如此，
但擬定戰略的方式，
會隨著企業所處狀況
而有無限多種可能。
呵呵
安德魯
R・克里斯汀生
等一下！
糟糕！
企業狀況可以
定型化分析出來，
就連答案也有
模式可循唷！
這是什麼話？
波特與哈佛商學院的
恩師所做出的結論
大唱反調。
由此可見，波特是
大泰勒主義的追隨者。

為了把哈佛商學院變成
定位學派和大泰勒主義的
經營戰略論根據地，
一律不用
DBA
學位的人！
哈佛商學院的教授
在他的篩選之下，
從過去企業管理博士學位，
慢慢換成經濟學博士學位出身。

1985年出版的
《競爭優勢》，
又讓波特打出一記
漂亮安打。
價值鏈
看我的
「價值鏈」理論！
鏗

價值鏈將企業所有活動，分為5個主要活動和4個支援活動，總共9種類型。
企業想獲得成功，光憑「優秀（獲利）定位」仍不夠。
還需要「優秀（可盈利）的企業能力」，才能維持這個定位。
將企業各部門視為創造價值的「連鎖」，這樣的概念在後來不斷廣為流傳。
整體管理（Infrastructure）
人力資源管理
技術開發
籌措活動
支援活動
利潤
採購物流
製造作業
出貨物流
市場銷售
售後服務
利潤
主要活動
Competitive Advantage
CREATING AND SUSTAINING SUPERIOR PERFORMANCE
Michael E. Porter
可是對波特而言，企業能力不過是定位學派的附屬物。
強化企業能力只是實現企業定位的手段，
企業能力充其量不過是企業活動的過程，也就是價值鏈。
能力？
別笑死人了
基本上，完全和領導力、組織以及企業文化沒有交集。
轟隆隆隆隆

沒想到，波特理論的最大挑戰不是別人，正是麥肯錫公司的顧問群。
驚嚇
什、什麼人？
轟隆隆
湯姆・彼得斯
轟隆隆
而推動反對意見的，就是佳能和本田這些魯莽的日本企業。

定位學派的龍頭 ——波特登場

01

新人波特以《競爭策略》扳倒哈佛的老教授

- 本篇終於輪到麥可・波特（Michael E.Porter，1947～）登場了。在經營戰略論的百年史當中，找不到一位像他一樣能活躍如此久的人。波特在普林斯頓大學學習航空工程之後，進入哈佛商學院進修MBA課程，開始接觸商業領域。他受到羅蘭・克里斯汀生和肯尼斯・安德魯的教學啟發，一頭栽入商業領域無法自拔。但波特並未繼續往企業管理博士深造，而是選擇到哈佛大學經濟系就讀，最後取得經濟學博士學位。當時哈佛商學院的教授清一色都是擁有企業管理博士學位。
- 波特的博士論文提出著名的「五力分析」（1975）。這篇論文雖然獲得經濟學系最優秀獎，卻不受哈佛商學院重視，以至於波特在任教數年晉升副教授時，所有人都在評鑑會上投下了反對票，在下一任校長提出再觀察一年的建議後才得以續留。
- 這一年也給波特翻身機會。他不僅開發一門「產業與競爭分析」的熱門課程，還出版暢銷書《競爭策略》（1980）。波特以僅僅35歲的年紀便當上哈佛商學院的正教授，給眾老教授一記當頭棒喝。

02

定位和調整，經營戰略的核心

- 「五力分析」「三大戰略」「價值鏈」是波特在經營戰略論的歷史中留下的成就。
- 波特非常重視「定位」。經營戰略的目的無非是提高企業獲利，因此要選擇「可獲利市場」；倘若沒有取得優於競爭對手的「獲利位置」，無論能力如何提升，最終都會化為泡影。這兩項就是「定位」的基礎！
- 事實上，五力分析（只）是用來判斷企業是否處於市場優勢的一種工具。「三大戰略」則反映「獲利位置」，他主張獲利位置只有3種（可細分為4種）。
- **波特向經營者強調調整的重要性。企業必須釐清要投入什麼樣的市場、以什麼樣的定位競爭**。由於波特創造出「五力分析」和「三大戰略」這兩項工具，因此在經營戰略論中占有一席之地，被譽為是「定位學派的龍頭」。
- 「價值鏈」是波特為了描述企業能力而制定的架構。他認為企業能力充其量只是實現企業定位的手段，而非競爭優勢的來源。
- 麥肯錫公司經由「一群魯莽的日本企業（佳能和本田）」的案例研究，對波特理論舉起反旗，推動新一套經營理論工具「7S」（1978）。

Chapter 1
Chapter 2
Chapter 3
Chapter 4

第4章

能力學派群雄割據

《追求卓越》的作者 彼得斯和
《時間競爭戰略》的作者 史托克

史托克

湯姆，我聽說你和羅伯特一起寫的《追求卓越》（1952），大賣500萬本呢！

彼得斯

是呀～當時我在全美各地演講，一年差不多有200場，真是忙得團團轉呢！不過這樣一來，我也就無法專注在顧問工作上，真讓我無地自容。

史托克

所以你才會在出書前就向麥肯錫請辭吧，當初經過一番努力才獲得錄用呢，真可惜。

彼得斯

嗯，這段職涯本來就不在我的計畫內。
一開始只是興趣而已，學成時一晃眼就32歲了。挑戰了好幾次，總算受到麥肯錫的青睞，剛好那時公司正要推動組織與戰略的觀念，對我來說也算天賜良機。

史托克

這也是創造「7S」的契機吧。

彼得斯

我調查全球的優秀企業後發現一件事，成功的企業並不是全靠戰略（Strategy）和組織架構（Structure），還得兼顧員工（Staff）、技能（Skills）、系統（Systems）、經營風格（Style），以及共同價值觀（Shared value），這都是不可或缺的要素。

卓越企業殞落

史托克

可是你提的這些要素，好像不被公司採納？

彼得斯

是啊，這樣要如何當個顧問呢？（笑）

史托克

《追求卓越》列出的43家超優秀企業，後來也都發生大問題，有些甚至倒閉作收，只有少數幾家僥倖生存下來。

彼得斯

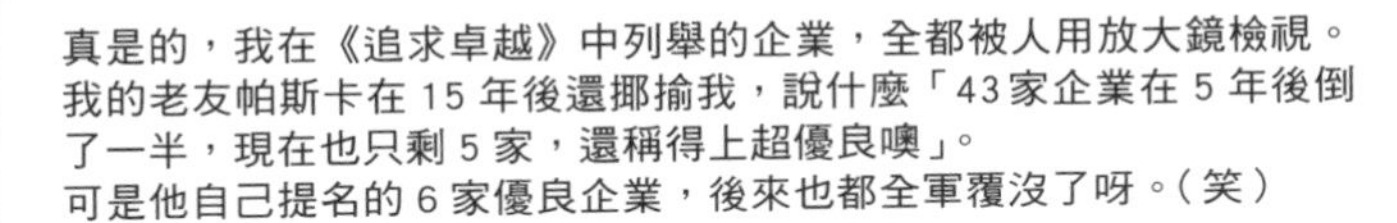

真是的，我在《追求卓越》中列舉的企業，全都被人用放大鏡檢視。我的老友帕斯卡在 15 年後還揶揄我，說什麼「43家企業在 5 年後倒了一半，現在也只剩 5 家，還稱得上超優良噢」。
可是他自己提名的 6 家優良企業，後來也都全軍覆沒了呀。（笑）

史托克

唉呀呀……。

彼得斯

總之呢，因為這些事，7S 現在已經塵封不用了。
話說回來，喬治你的《時間競爭戰略》後來如何呢？

與時間競爭

史托克

這本書對我的顧問工作幫助可大了，當初也是在大家的協助下才順利完成。
當時我還在波士頓顧問公司的東京辦事處待一段時間，調查得到的結果。
姑且不說日本，至少歐美的辦事處都因為這個戰略，過上5～6年的好日子呢。

彼得斯

真了不起。

史托克

說到底，測量和分析在企業顧問中還是相當重要，可能我也是大泰勒主義的追隨者吧！
當時我在日本也測量許多項目，甚至還去秋葉原數數看冰箱上有幾扇門。

彼得斯

數冰箱門？

史托克

沒錯，想不到世界上居然有 7 扇門的冰箱！美國頂多就 2 到 3 門吧……。
撇開這個不談，我研究日本製造商多款少量生產的祕密後，赫然發現「時間」是一大關鍵。企業內部削減成本、增加產品類型、降低風險、提供顧客價值等等，全部的關鍵都是時間。

彼得斯

這就是為什麼波士頓公司的顧問群總是拿著碼錶，在現場緊緊黏著客戶不放的緣故吧？

史托克

你說對了，即便聲稱自己「不是定位戰略，是能力戰略」，無法分析的話，什麼事也做不成。

問題出在哪裡呢？

彼得斯

確實如此。提出「企業流程再造」的哈默爾也說過同樣的話。
可是，無論企業流程再造還是時間競爭戰略，都只流行一段時間，很快就退燒了不是嗎？我都可以想像波特在心裡說「沒錯」喔。

史托克

這可戳中我的痛點了。
我一直在想問題究竟出在哪裡，明明引發一波改革浪潮，也看到不少成果了……。可能是因為當初參考的日本企業也逐漸衰退的關係吧。

彼得斯

至少我的書比波特的有趣。畢竟是以人為主角，而不是產業或企業，所以也有許多人贊同我的想法。像是吉姆・柯林斯的《基業長青》、哈默爾等的《核心能力管理》、約翰・科特的《超速變革》都是！

史托克

波士頓顧問公司果然還是一心想創造新的觀念吧！
「時間競爭戰略」的之後再之後還有「適應戰略」，接下來才是真正的對決！

01 Taylor
02 Ford
03 Mayo
04 Fayol
05 Barnard
06 Drucker
07 Ansoff
08 Chandler
09 Bower
10 Andrews
11 Kotler
12 Henderson
13 Gluck
14 Porter
15 Canon-Honda
16 Peters
17 Bmarking-Robert
18 Stalk
19 Hammer
20 Hamel-Prahalad
21 Foster
22 Terman
23 Senge-Nonaka
24 Barney

「莽撞」又「無謀」的日本企業

佳能與本田

佳能

- 1970年 開發出PPC，擊潰全錄的市場堡壘
- 1982年 投入小型影印機，擴大市場

本田

- 1959年 打入美國的摩托車市場，5年內達到市占率50%
- 1963年 開始製造汽車
- 1970年 進入美國的汽車市場，成功開發CVCC引擎
- 1977年 於美國設立摩托車工廠，5年後設立汽車工廠

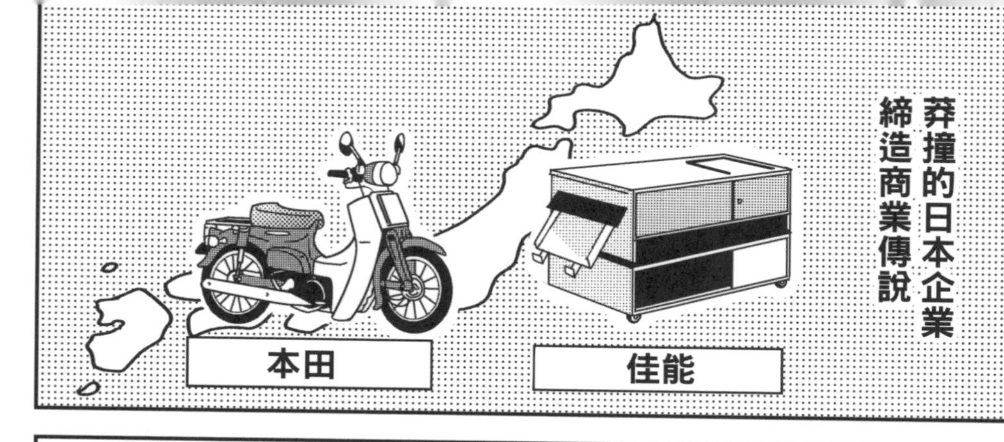

佳能挑戰王者全錄的經緯

1962年，佳能在第一次長期經營計畫中提出多角化的經營理念，少數幾名員工著手研究一般紙張影印機※。

一般紙影印機

佳能
第1次長期經營計畫

※過去是使用溼式特殊紙張影印。

儘管一般紙影印機市場極具成長潛力，稱得上「有利可圖市場」。但是難以找到「獲利位置」，因此沒人想淌這灘混水。

市場由全錄獨占反而是天賜良機！

一定能成功！

CANON

キノン キノン

只要打入這個市場，

不就可以二分天下了嗎！

幹勁十足

鬥志旺盛

按照定位學派的理論，佳能的「挑戰」，無異於自尋死路。
好天真
哈哈哈 急著找死嗎
要笑就讓他們笑吧！
埋頭苦幹
1970年，佳能推出以88萬日圓價格販售的一般紙影印機NP-1100。
這項創新突破當時全錄的各項專利。
全新亮相
¥880,000
CANON
怎麼樣！
主要銷售給中型企業，避開大型企業！
1982年，佳能又以24.8萬日圓的價格，販售採用三色墨水匣的小型影印機PC-10。
大受歡迎
銷售長紅
佳能
啊啊
怎麼會！
這次也成功將中小型企業納入客戶名單中。

（只）靠技術迎戰三大品牌的本田

1959年，本田公司靠摩托車打入美國市場。
1963年開始製造汽車，1970年在美國本土進行銷售。
HONDA
可是，在1970年代，日本製造的小型車完全不受市場青睞。
誰要買品質差的日本便宜貨啊～
要買汽車，當然挑福特、GM、克萊斯勒這三大呀！

從當時企業規模來看，本田和通用相差68倍，也和三大品牌中最小的克萊斯勒相差13倍以上。
GM 68倍
福特
扭頭
別管這些，總之就是衝衝衝！
本田宗一郎 (1906～1991)
本田抱著鍥而不捨的精神，挑戰美國這塊最大的汽車市場。
正巧此時美國議會通過《馬斯基法》※，明訂「排放氣體中的有害成分必須在5年內減至十分之一」。
強人所難！
辦不到！
抗議啦！
吵鬧
喧嘩
偷笑
機會來了！
通用
克萊斯勒
福特

本田傾注所有技術團隊，打造全世界第一個符合馬基斯法標準的環保引擎CVCC，向世界展現他們堅強的實力。
幹得好!!
太棒啦！
閃閃發亮
1973年，在石油危機的推波助瀾下，耗油量低、排氣量少的本田小型車，在石油價格居高不下期間，銷售量大幅攀升。
降低耗油量
荷包無負擔
成功啦！
怎麼可能！
通用
福特
1977年，
MBA
這裡問大家一個問題。

※ Muskie Act，由美國參議員E. Muskie提出的空氣淨化法修正案，嚴格規範汽車排放之廢氣量。

本田當時應不應該加入國外汽車市場的競爭行列呢？
各位同學看法如何？
理查・魯梅特
Richard Rumelt
（1942～）
這位同學你覺得呢？
呃…我想應該是正確的。
可惜，你猜錯囉。
為什麼？
本田這種做法實際上有勇無謀，原因有4項。
1. 歐美市場已經處於飽和
2. 日本、歐美都已經有優秀的競爭對手
3. 本田完全沒有汽車製造經驗
4. 本田沒有銷售汽車的管道

你才搞不清狀況！
砰
砰
什麼！
這不是本田宗一郎先生嗎？
*純屬虛構
我們可是勝券在握！
在我1976年參觀福特汽車工廠時就深信不疑。
福特汽車工廠

哦哦……規模真壯觀……
真不愧是美國啊……
做法有點過時嗎？
的確，生產方式和觀念都停在50年前。
？
這樣的話，要打入美國市場就不是夢想囉！
竊竊私語
……
可是不覺得，
1977年，本田於俄亥俄州投入65億日圓設立摩托車製造工廠，成為第一家登陸美國的日本企業。
5年後的1982年，開始製造生產汽車。
從天而降
HONDA
俄亥俄州
諸位上工囉！
哦哦哦哦
※Honda of America Manufacturing
由入交昭一郎這位年輕菁英所帶領的HAM※製造有限公司不稱呼員工為作業員，而是稱作夥伴。
本田融入當地的哲學和生產理念，開創一條「本田之道」，實現壓倒性的高品質以及極高的生產效率。
成功突破「規模」和「經驗曲線」這些既有障礙。
難以置信…連我老婆的愛車也換成本田…

本田摩托車的成功，使兩派爭論不休

日本企業到底在打什麼算盤？
What
定位學派A學者
不斷顛覆既有常識…
話說回來，本田為什麼能夠打入美國摩托車市場呢？
完全猜不透
定位學派B學者
定位學派C學者
本田在1959年進入美國市場時，是年產量28萬5千輛的日本最大製造商。
靠著50cc四行程引擎的本田小狼系列，攻占美國市場。
可是當時美國不是只流行500cc以上中大型摩托車嗎？
滔滔不絕
美國市場幾乎都是本土的哈雷摩托車和英國摩托車的天下。
本田卻開創屬於自己的一片天。
成功找到自己的定位啊
本田竟然能開創出小型摩托車市場。
令人刮目相看

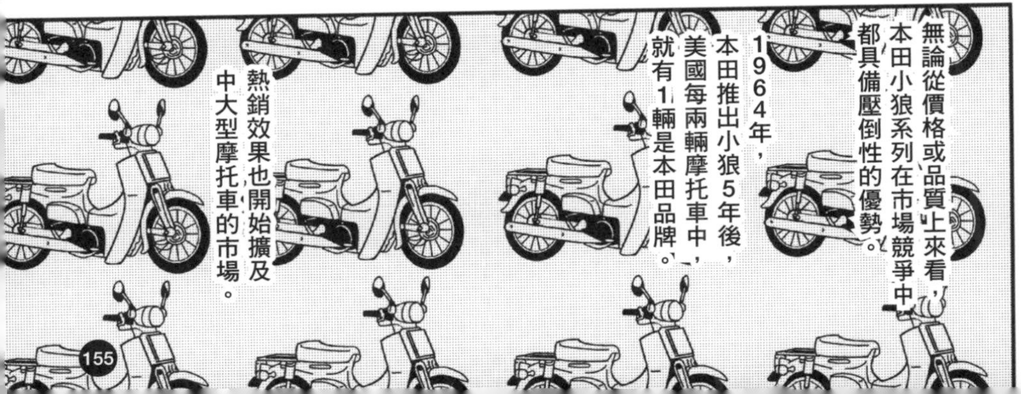

無論從價格或品質上來看，本田小狼系列在市場競爭中都具備壓倒性的優勢。
1964年，本田推出小狼5年後，美國每兩輛摩托車中，就有1輛是本田品牌。
熱銷效果也開始擴及中大型摩托車的市場。

本田繼進口車冠軍——
英國的凱旋摩托車之後，
也將美國本土的哈雷摩托車
趕下市場冠軍寶座。
再這樣下去
就要被本田
打敗！
快找波士頓
進行分析！
英國政府

這是波士頓顧問
公司的報告書。
我看看…
本田根據「經驗曲線」，
透過「成本領先戰略」，
成功開創新的市場。

接著利用這條
經驗曲線，
席捲既有市場
（中大型摩托車）…嗎？
怎…
怎麼會這樣
可惜的是，
這項分析並沒有挽救
英國的摩托車產業。
凱旋公司後來遭到市場淘汰。
然而這份報告
卻成為定位學派在
企業與事業戰略上的典型範例。
商業學校也當成教材廣泛使用。

1984年，
美國加州出現一篇
爆炸性的論文。
厚厚一疊

也就是麥肯錫公司的
理查・帕斯卡所撰寫的
〈戰略觀點——本田成功背後的真實故事〉。
日本企業
真是了不起。
理查・帕斯卡
Richard Pascale
（1938～）

他深入研究日本企業，做出非常驚人的結論。
所有計謀都被我看穿了
本田機密檔案

本田當初沒有明確的戰略，而是在不斷失敗的過程中激發出來的結果！
HONDA had No Strategies

帕斯卡採訪6位本田的管理階層，得知本田的試錯過程、缺乏分析且毫無章法的行為，證實了他的結論。
當時為什麼想打入美國的小型摩托車市場？

因為不想被美國人看扁呀！原本只是打算以販售中大型摩托車為主力，但是市場反應不佳，而且美國人長距離騎車的習慣，也造成摩托車經常故障。
員工當成公務車騎的小狼倒是很受市場歡迎，於是便將重點放在本田小狼的銷售上。
想不到居然成功了！

貴公司如何決定銷售目標？又做過哪些調查呢？

那麼，為什麼選定美國，而不是歐洲呢？貴公司是不是有什麼戰略？
不，我們沒有什麼戰略。
什麼？

哈哈哈哈
什麼調查？那能吃嗎？
當然是靠直覺囉！

只是想在美國這個摩托車大國挑戰看看自己的能耐罷了。

帕斯卡主張的「本田效應」※，闡述了「人為因素」和「創造性計畫」的重要性。
這也對定位學派信奉的大泰勒主義產生威脅。
撞開
大泰勒主義

佳能雖然實現多角化決策和長期計畫，但選擇市場時，卻不是按照定位學派主張的「可獲利市場」和「可獲利定位」。
進入看起來不容易打入的大型市場囉！
只要具備突破障礙的「能力」就能存活，不然就會被市場淘汰。
總有辦法的
迅速奔跑

※歐美人士總會以可公式化、合理性、計畫性等成功因素來解釋。

佳能具備各式各樣的「能力」，活用這些能力，尋找合適的市場。

最終決定進入影印機市場。

換言之，是「能力」決定了「定位」。

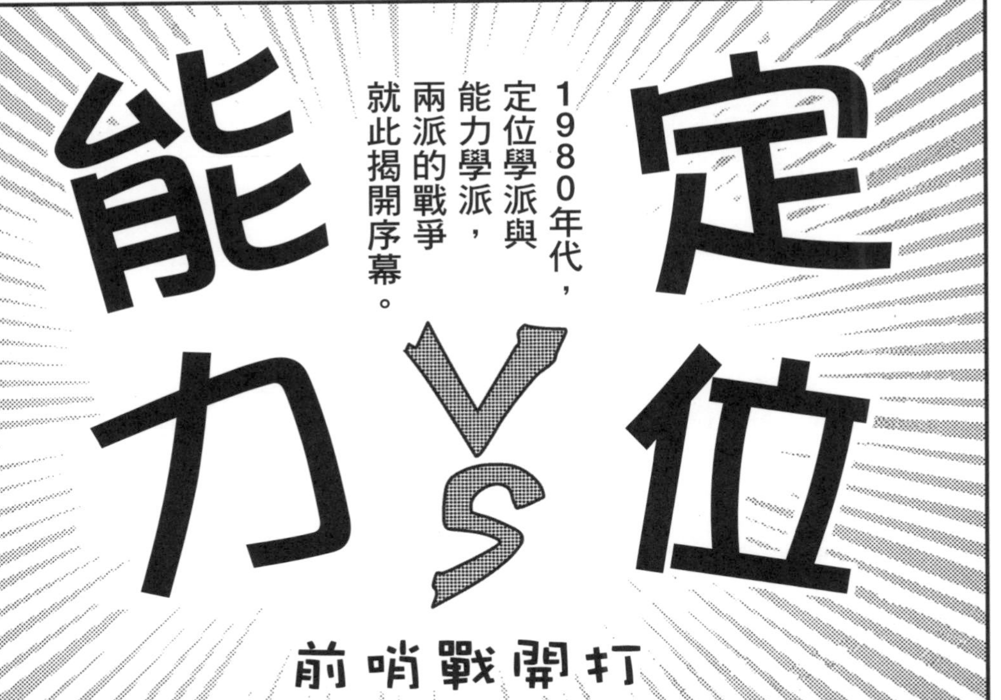

莽撞無謀的日本企業——佳能與本田

01 技術當先，佳能挑戰市場霸主全錄

- 1970年，佳能開始販售一般紙張影印機NP-1100，這項創新突破當時全錄的各項專利技術。佳能這項產品以中型企業為主要對象，避開大型企業這類全錄的主要客戶群。1982年，佳能又以24.8萬日圓的價格販售採三色墨水匣的小型影印機PC-10，成功將中小型企業也納入客戶名單。
- 1962年，全錄在一般紙張影印機市場擁有600項專利，採依量計價的出租方式（需要強大的資金能力），建構出號稱「20年不墜」的穩固商業模式，全球沒有任何一家企業願意和全錄正面衝突。儘管一般紙張影印機市場是極具成長潛力的「有利可圖市場」，但由於難以找到「可獲利的定位」，因此沒人想淌這灘混水。
- 按照定位學派的說法，佳能這次的「挑戰」，只不過是日本企業又一次「橫衝直撞」的魯莽行為罷了。然而佳能卻成功從相機製造商轉型為事務機製造商，躋身全球企業之林。

02 本田小狼對抗哈雷摩托車

- 本田透過本身技術實力，在日本國內從一介後起之秀成長為頂尖企業，以搭載50cc四行程引擎的本田小狼攻占市場。可是在1959年，當本田進入美國時，市場主流是500cc以上的中大型摩托車，由美國本土的哈雷摩托車和英國進口摩托車囊括市場。本田在這樣的氛圍下成功開創小型摩托車市場，推出促銷活動「NICEST PEOPLE」，使本田小狼成為最暢銷的交通工具。本田小狼背後有日本市場的量產效應支持，無論價格或品質都具有壓倒性的優勢。1964年，本田進軍市場僅短短5年，美國每兩輛摩托車中就有一輛是本田品牌。
- 本田憑藉本田小狼的經驗，逐漸蠶食中大型摩托車市場，繼進口車冠軍——英國的凱旋摩托車之後，也將美國本土的哈雷摩托車趕下市場冠軍寶座。波士頓顧問公司的報告中將之視為「戰略上的勝利」。

03 勇氣和毅力，比戰略重要？

- 然而，當時本田的經營團隊其實完全沒有任何「戰略」，只是想挑戰最艱困的美國市場，透過各種努力一一突破困境，最終獲得回報罷了。麥肯錫公司的理查・帕斯卡（Richard Pascale，1938～）深入研究，提出「人為因素」和「創造性計畫」在經營戰略中的重要性。他認為這兩項能力比定位更為重要。由於西方人喜歡對各種事物做出合理解釋，因而帕斯卡又將這個現象稱為「本田效應」。
- 波士頓顧問公司的案例報告撰寫人之一麥可・古德（Michael Gould），卻針對這個說法持反對意見，明茲伯格又對他提出反駁……。定位學派和能力學派之間的戰爭就此展開。

01 Taylor
02 Ford
03 Mayo
04 Fayol
05 Barnard
06 Drucker
07 Ansoff
08 Chandler
09 Bower
10 Andrews
11 Kotler
12 Henderson
13 Gluck
14 Porter
15 Canon-Honda
16 Peters
17 Bmarking-Robert
18 Stalk
19 Hammer
20 Hamel-Prahalad
21 Foster
22 Terman
23 Senge-Nonaka
24 Barney

成功企業的「7S」祕訣

湯姆·彼得斯

- 於美國海軍、國防部、白宮服務
  32歲 進入麥肯錫公司
- 37歲 升格為合夥人
- 39歲 離職，隔年出版《追求卓越》

※戰略方面的負責人為弗雷德里克・葛拉克（第130頁），組織層面則由湯姆・彼得斯等人負責。

光憑戰略和組織無法造就一個成功企業。
從佳能和本田這些成功的日本企業能明顯看出這點。

於是，他提出「麥肯錫7S架構」。
企業的成功，取決於硬體S以及軟體S上。
成功企業
軟體S
④人才（Staff）
⑤技能（Skills）
⑥管理風格（Style）
⑦共同價值觀（Shared Value）
硬體S
①戰略（Strategy）
②組織結構（Structure）
③流程制度（Systems）

和華特曼先生一起建立的「7S」就連對美國企業也一體適用。
真的嗎？
羅伯特．華特曼
利用7S來分析43家績效卓越的超優良企業。
可以發現這些公司有8個共通點。
① 重視行動，決策迅速
② 貼近客戶，向客戶學習
③ 以創新為目標，兼具自主性和創業精神
④ 以人本為前提，提高生產效率和品質
⑤ 以價值觀帶動實踐
⑥ 不偏離事業主軸
⑦ 簡單的組織，精簡的總部
⑧ 自律的第一線團隊和集權式價值共享
可見美國企業絕對不輸日本！
你看
原來如此，這麼有趣的內容一定能獲得所有經理人的青睞。

※原書名為*In Search of EXCELLENCE～Lessons From America's Best-Run Companies*，直譯即「美國也有許多值得借鏡的超一流企業」的意思。

第二，商業書籍開始結合企業故事和統計調查，作者達到名利雙收！

《基業長青》系列的
吉姆・柯林斯（Jim Clooins，1958～）

《核心能力管理》系列的
蓋瑞・哈默爾（Gary Hamel，1954～）

《領導論》系列的
約翰・科特（John Kotter，1947～）

我也是透過「暢銷書」→「每年上百場、鐘點費5萬美金的商業演講」→「下本書的準備」→「暢銷書」的模式，成功宣傳自己的理念。

最後，就是「企業統計調查」顯露極限。

我們列舉的當代超優良企業，總是很快走向沒落。

《追求卓越》書中提到的43家企業，幾年後有一半都逐漸凋零。

企業統計調查

反定位學派的巨作 ——《追求卓越》

01

美國也有超優良企業！「7S」的首創

- 1982年出版的《追求卓越》，無異給了波士頓顧問、麥肯錫公司，以及波特等人所創立的「定位學派」一記沉重打擊。書中從6項財務指標嚴選出美國43家超一流企業，發現這些公司都有共通的8種特質。根據這8項特質總結7個成功因素，就成為「7S」。彼得斯強調硬體S（①戰略、②組織結構、③流程制度）之外，軟體S（④人才、⑤技術、⑥管理風格、⑦共同價值觀）也是企業成功與否的重要因素。
- 當時正逢魯莽又充滿潛力的日本企業蠶食美國市場。湯姆・彼得斯（Tom Peters，1942～）和羅伯特・華特曼（Robert H. Waterman, Jr.，1937～）在1980年發表「7S」和超優良企業範例，於美國各地展開巡迴商業講座，向世人宣揚看似退無可退的美國企業其實也具備卓越的潛力。

02

定位之外的重要因素

- 彼得斯曾經是麥肯錫顧問群的一員，進入公司不久便編入羅恩・丹尼爾主導的「強化知識」專案中。其中「戰略」方面的負責人為前面提到的弗雷德里克・葛拉克，彼得斯則活躍於「組織」方面。
- 他帶著期待的心情前往全球各地，調查企業活動，卻發現「光憑戰略和組織無法造就成功的企業」。主張「本田效應」的同事帕斯卡也受到啟發，最後向主管華特曼提出「麥肯錫7S」。
- 可是麥肯錫公司卻對這個架構毫無興趣，因為7S和經驗曲線、成長與市占率矩陣、可持續性增長率、五力分析不同，無法進行分析。彼得斯於1981年出版《追求卓越》前離職，華特曼則在3年後、也就是1985年時離開麥肯錫公司。

03

能力學派的起航與波折

- 儘管不受重視，「麥肯錫7S」和《追求卓越》卻衍生出許多理論。《基業長青》系列的吉姆・柯林斯（Jim Clooins，1958～）、《核心能力管理》系列的蓋瑞・哈默爾（Gary Hamel，1954～）、《領導論》系列的約翰・科特（John Kotter，1947～）等人陸續登場，能力學派從此時開始崛起。
- 然而發展過程並不順遂，因為他們列舉的當代超優良企業，多半都很快走向沒落。帕斯卡對於7S的點子「遭到剽竊」一事感到不快，在**《追求卓越》出版15年後，他在著作中指出「5年後43家企業倒了一半，現在也只剩5家稱得上是超優良企業」**。
- 能力學派雖然在社會上博得滿堂彩，卻一直航行在風雨飄搖的航道上。

01 Taylor
02 Ford
03 Mayo
04 Fayol
05 Barnard
06 Drucker
07 Ansoff
08 Chandler
09 Bower
10 Andrews
11 Kotler
12 Henderson
13 Gluck
14 Porter
15 Canon-Honda
16 Peters
17 Bmarking-Robert
18 Stalk
19 Hammer
20 Hamel-Prahalad
21 Foster
22 Terman
23 Senge-Nonaka
24 Barney

豎立學習「標竿」重振全錄雄風

羅伯特·坎普

- 於全錄公司擔任標竿學習的負責人
- 1989年 出版《標竿學習》，闡述他推行標竿學習的經驗
- 1994年 透過《業務流程標竿學習》講述如何實踐

羅伯特・
《標竿學習——創造最強組織的專案》一書。
全錄的標竿學習法非常單純，
就是找到最佳典範，在自家企業上應用與執行。
BENCHMAKING
調查花了我不少時間和金錢

標竿學習法
為羅伯特・坎普所創。
羅伯特・坎普
Robert C. Camp

1970年代
對全錄來說，
無異於風雨飄搖
的時代。
xerox

公司現在
有多少市占率？
報告總裁，
佳能、理光、美能達紛紛
投入一般紙影印機市場，
公司處境岌岌可危呀！
瑟瑟發抖
抖
抖

1970年以前，
全錄憑藉專利技術和地位，
以壓倒性優勢獨占市場。
然而到了1982年，
市占率卻跌至13%。
崩潰
13%下跌

才13%……
這樣啊……

不能再讓
日本企業
為所欲為！
我承認日本企業
確實有一套，
公司必須重新檢視
品質、時間、成本！
哦哦
振作

為了有系統地改善整體業務，全錄導入「全面品質管理」和「標竿學習」。

全錄的企業革新

全面品質管理（Total Quality Management）	標竿學習（Benchmarking）
從經營戰略、品質管理到顧客滿意度，落實目標	以其他優良部門或企業為目標，學習流程

首先拆解對手產品深入研究！
開始學習

實際拆開一看…
日本的技術真是驚人…
NOO…
全錄的管理階層對日本企業的產品品質和營運成本驚嘆不已，立刻派調查小組前往和富士軟片合資的日本富士全錄公司。
FUJI xerox
衝呀！

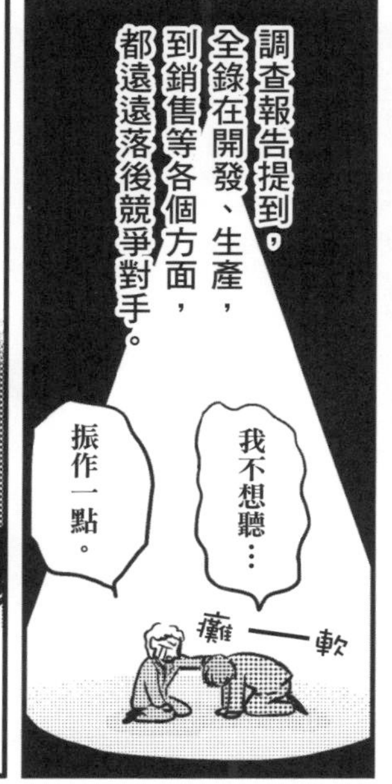

調查報告提到，全錄在開發、生產，到銷售等各個方面，都遠遠落後競爭對手。
我不想聽…
振作一點。
癱—軟

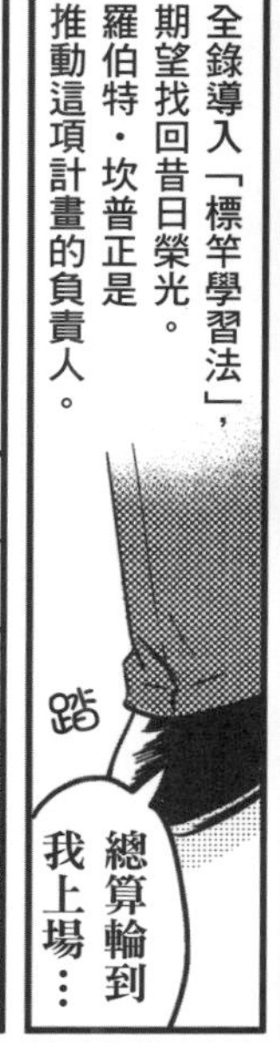

全錄導入「標竿學習法」，期望找回昔日榮光。羅伯特・坎普正是推動這項計畫的負責人。
踏
總算輪到我上場…

不管從哪裡，只要值得效仿，都要學過來！
從公司、業界，甚至世界最好的企業學習到最棒的「實踐方法」！
遵命！

全錄將日本企業在無意間執行的改善調查活動，悄悄地化為有系統的體制，並命名為「標竿學習」，由此展開一場對日本企業的大反攻。
立刻投入從日本企業學到的做法！
快
快
快
還有很多東西等著調查呢！
・**內部**標竿學習（公司內比較）
・**競爭對手**標竿學習（業界內比較）
・**機能**標竿學習（業界外比較）
・**一般流程**標竿學習（業務外比較）

全錄也向戶外用品公司L. L. Bean學習倉儲業務。
L.L.Bean
這麼棒的做法，務必讓本公司參考！
嘘！

服飾業的款式多樣，因此倉庫內的檢料清單都是自動作業完成。
手推車位置、包裝順序、箱子大小都有其規定。
此外，全錄也向美國運通公司學習請款業務。
不但顧客滿意度提高38％，也成功削減一半的間接行政費用，採購材料費用也減少4成。
全錄將學習內容套用在公司體制，使庫存成本減少200萬美金。
太棒啦！一定還有更多值得學的對象！
200萬美金
成本削減
這正是向業界外學習最佳做法的「機能標竿學習」實例。
成功啦！
AMERICAN EXPRESS

1989年，全錄實施標竿學習法後，市占率達到46%，提升3.5倍。
一飛衝天
不是只有全錄因為標竿學習而受惠。
也包括西南航空和福特公司！
西南航空公司是知名的廉價航空公司※。1970年代時只是一家小型的地方航空公司，為了在競爭中求生存，於是破天荒實施一項全新的措施。
各位聽我說！
總裁
公司要生存下去，就必須10分鐘一航班！
赫伯・凱萊赫
什麼！
如果飛機停留時間減到只有10分鐘，一天就能飛行11個半小時吧！
這樣只要排3架飛機，也能夠達到4架飛機的運輸量喔※！

※LCC（Low Cost Carier），簡稱廉航。

※事實上，之前曾有安排4架飛機輪班，卻因運營不佳而賣掉1架，剩下3架飛機。

西南航空的飛機平均飛行一趟要花60分鐘，接著在機場的停機坪停留45分鐘（相當於45分鐘一航班），接著再飛行60分鐘。
可是！沒有任何一家大公司這麼做…
！
嗯

現在可是處在懸崖邊緣呀！
顛覆一般常識，才能大破大立！
不按照對手的步調，開創自己的道路，才是致勝的王道！
拍桌
好、好的！

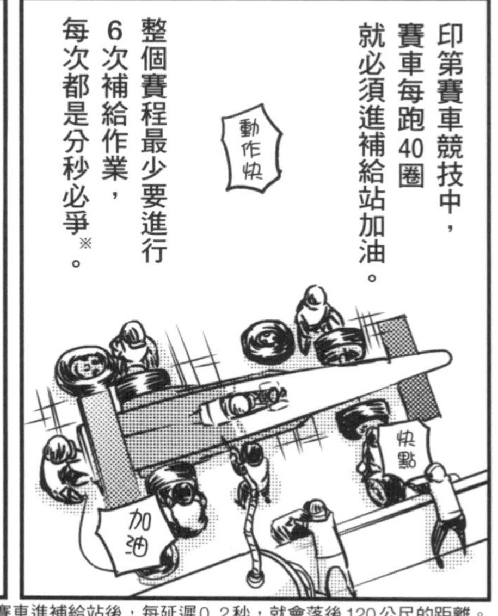

※ 賽車進補給站後，每延遲0.2秒，就會落後120公尺的距離。

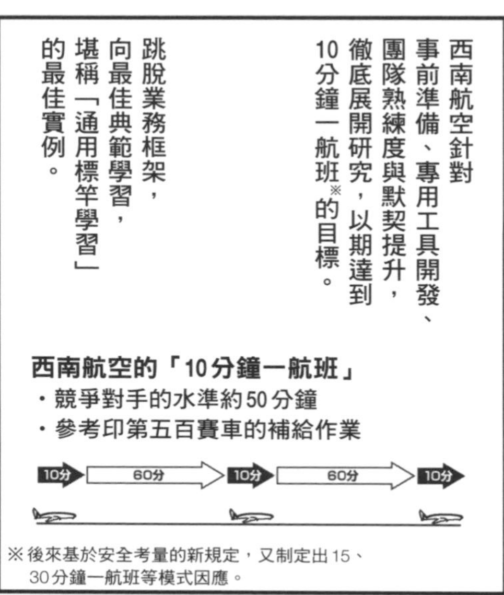

※後來基於安全考量的新規定，又制定出15、30分鐘一航班等模式因應。

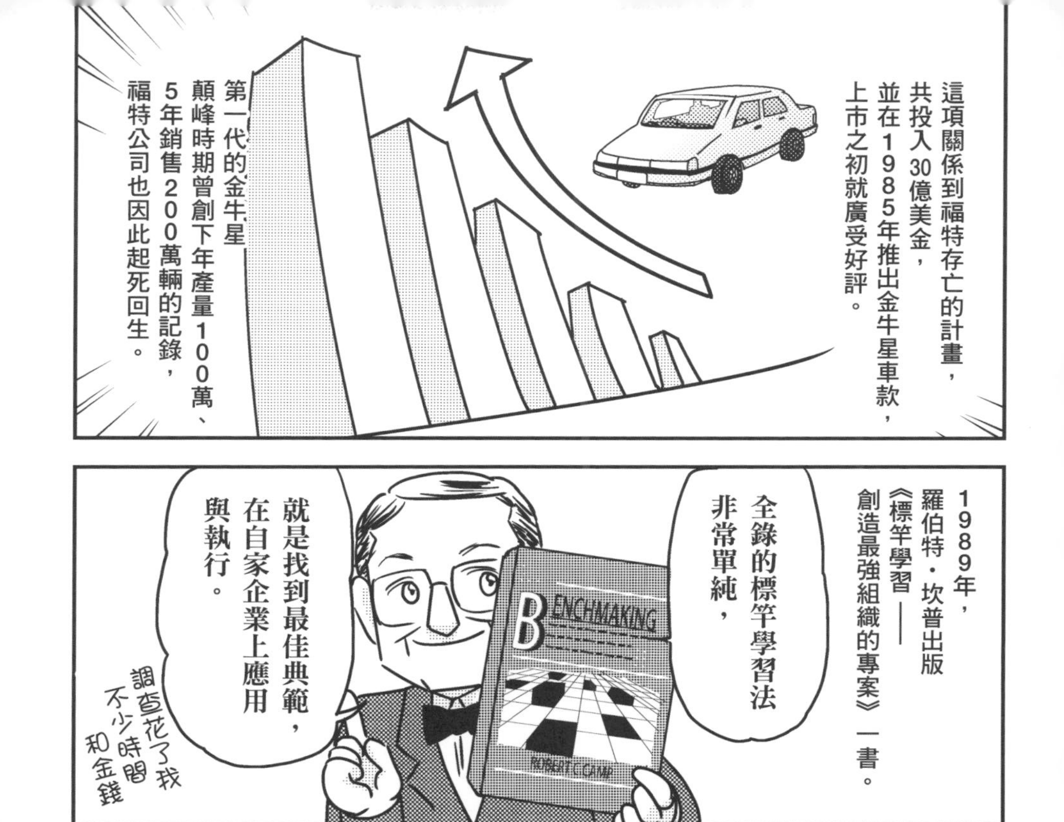
這項關係到福特存亡的計畫，
共投入30億美金，
並在1985年推出金牛星車款，
上市之初就廣受好評。
第一代的金牛星
顛峰時期曾創下年產量100萬、
5年銷售200萬輛的記錄，
福特公司也因此起死回生。
1989年，
羅伯特・坎普出版
《標竿學習——
創造最強組織的專案》一書。
全錄的標竿學習法
非常單純，
就是找到最佳典範，
在自家企業上應用
與執行。
調查花了我
不少時間
和金錢
BENCHMAKING
ROBERT C. CAMP

讓我們一起尋找
企業的最佳典範吧！
說不定就隱藏
在遙遠國度、
其他業界、
甚至各位的
企業當中喔！

全錄與西南航空的標竿學習法

001 全錄反擊，向對手和業界之外學習典範！

- 對全錄而言，1970年代飽受風雨飄搖。佳能、理光、美能達陸續進入一般紙張影印機市場，美國企業更在1975年提起訴訟獲勝，使得全錄費盡心血取得的專利全部化為泡影。**全錄的市占率一蹶不振，1982年更跌至只剩13%。雖然一度享有壓倒性的優勢地位，卻在短短不到10年內化為烏有**。
- 經營團隊決定放下身段，承認「品質、時間、成本」各方面都不如日本企業，開始致力推動改革。公司引進全面性的「全面品質管理」(TQM)，利用「標竿學習」有系統地改善公司業務。
- 全錄以「逆向工程」拆解競爭對手的產品，探索其中祕密，展開一連串內部標竿（公司內比較）、競爭標竿（業界內比較）、機能標竿（業界外比較）、一般流程標竿（業務外比較）學習法。
- 全錄**向戶外用品經銷商L. L. Bean學習倉儲業務，請款業務則參考美國運通的做法**，不僅成功提高38%的顧客滿意度，同時削減一半的間接行政成本，以及40%的材料採購費，使得市占率在1989年回升至46%，提升3.5倍。

002 西南航空向陸地取經

- 西南航空公司是知名的廉價航空公司，在1970年代創業之初，為了彌補飛機不足的問題，破天荒實施「10分鐘一航班」的措施。做法為縮短飛機在機場停機坪停留的時間，從45分鐘縮短成10分鐘，如此每天就能增加5個航班，僅用3架飛機達到4架飛機的運送量，每個航班都能降低33%的成本。
- **憑藉「拒用業界人士」的聘僱方針，向「印第五百」**※10**取經，達成10分鐘一航班的目標**。西南航空同時廢除指定座位票，只接受報到號碼，此舉也打破了業界常識。如此一來，乘客只能確定機上有自己的座位，無法得知坐在哪個位置，因此大家都會預先到機場劃位，選擇自己想坐的座位。
- 此外，西南航空也向熱門賽事印第五百取經，以賽車競技分秒必爭的補給作業作為標竿學習對象。西南航空針對事前準備、專用工具的開發、團隊熟練度和默契提升，徹底研究一番，以期達到10分鐘一航班的理想目標。
- 在全錄公司長年擔任標竿學習小組負責人的羅伯特·坎普（Robert C. Camp），於1989年出版《標竿學習 ——創造最強組織的專案》。他在書中闡述：「全錄的標竿學習法非常單純，就是**找到最佳典範，在自家企業身上應用、執行**。」各位不妨尋找自家企業的最佳典範，說不定隱藏在公司內部，又或者在遙遠的國度或其他業界！

※10 每年5月第4週於印第安納波利斯賽車場舉辦的賽車比賽。場地的橢圓形賽道全長共2.5英里，整場賽事要跑200圈，總距離500英里，每年吸引40萬名觀眾前來觀賞。

與「時間」競爭

喬治·史托克

- 28歲　造訪洋馬，而後研究豐田等日本企業
- 從日本企業領悟到「時間」這個新的戰略核心
- 39歲　出版《時間競爭戰略》

史托克從東京帶回
他的「時間競爭戰略」理論。
喬治・史托克
George Stalk Jr.
（1951～）

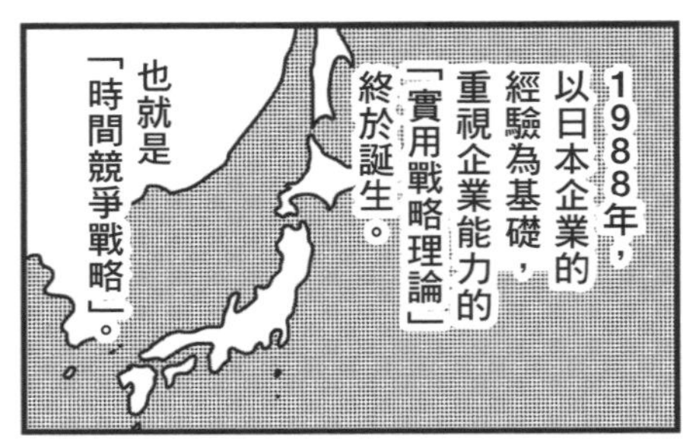

1988年，
以日本企業的
經驗為基礎，
重視企業能力的
「實用戰略理論」
終於誕生。
也就是
「時間競爭戰略」。

這個概念出自
波士頓顧問公司的
喬治・史托克與
菲利浦・伊凡斯之手。
做得好
合作愉快
菲利浦・伊凡斯
Philip Evans
（1950～）

1979年，
史托克接受全球最大
農機製造商迪爾的委託，
赴日訪問合作夥伴洋馬。
好厲害！

洋馬的生產率
遠遠勝過迪爾！
產品品質
也超優良！
生產工時
更大幅縮短！
興奮不已
庫存占用
空間也不大，
心跳不止

史托克對於洋馬的生產速度和效率感到十分訝異，某天和波士頓同事伊凡斯談起這件事。
菲利浦
我跟你說！
那玩意可厲害了！
嗯？

洋馬的沖壓成型機做法真令人吃驚！
這樣做
那樣做
一般公司都要花2個小時設置模具耶……
眼睛都發光了
又沉迷在自己的世界裡了。

等一下，
這不正是「進展越快，越具備競爭優勢」！
喬治

其他先別管，可以告訴我有關「速度效率」的部分嗎？
好的！
闔上

史托克開始大談洋馬經驗。
觀察
討論
研究

他在東京辦事處研究豐田的同時，一直不斷思考……
！
我弄懂了！
躍起

史托克創造出
「以時間為基礎」
的戰略概念，
以及「測量
所有事物的時間
（而非成本）」
的手法。
動作加快
吵死人了
時間縮短

看好了！
我的結論如下！
・要提高附加價值，必須縮短從客戶提出需求到完成應對的作業時間
・要降低成本，必須縮短所有流程的時間

以豐田和本田的技術來看，
他們研發一款全新的車種，
只需要福特和通用一半的時間。
因此在其卓越的生產能力下，
即使開發數萬款產品，
也能以低成本、高效率的方式
製造出來。
Time-
Based
Competition
Strategy
快速向客戶提供
最新、種類最多、
價格最便宜的產品，
這就是時間
競爭戰略的
精髓所在！

1988年，
史托克於《哈佛商業評論》
發表文章〈時間——
下一個競爭優勢的根源〉；
1990年
出版《時間競爭戰略》。
COMPETING AGAINST TIME
HOW TIME-BASED COMPETITION IS RESHAPING GLOBAL MARKETS
GEORGE STALK, JR.
THOMAS M. HOUT
是我和湯瑪斯・郝特共同撰寫的喔！

當時豐田和本田開發一款新車大約需要36個月，
30個月
豐田和本田
美國企業卻耗費60個月以上的時間。
60個月
美國車
根本差異在於，
時間的使用
日本企業的「時間的使用方式」！

公司盡快將資訊分享給相關部門，使作業同時進行，減少無謂的環節。
企畫、開發部門
製造部門
原料採購端
零件製造商

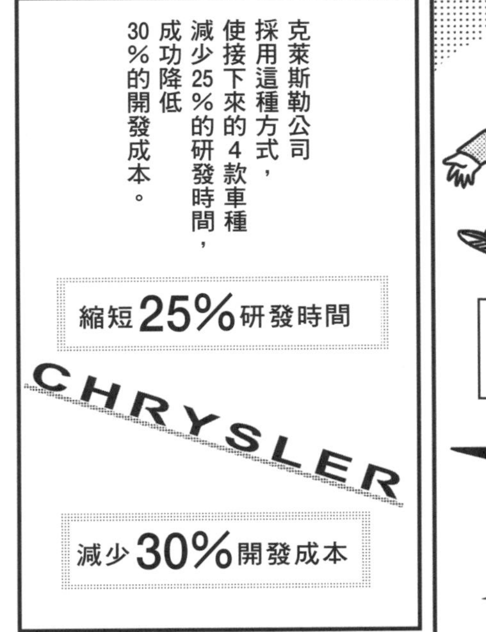
克萊斯勒公司採用這種方式，使接下來的4款車種減少25%的研發時間，成功降低30%的開發成本。
縮短25%研發時間
CHRYSLER
減少30%開發成本

時間競爭戰略不僅使製造商提高效率，就連醫院也導入這種做法。
以瑞典的卡羅琳學院為例
導入TBC前
術前檢查要耗費好幾個月，所有人都很困擾。
等好久
病患
手續真麻煩
檢驗師
好焦急
爸爸
家人
幾個月
手術
沒有排手術啊
唉
醫生
快點好嗎
手術表全是空的
院長
導入TBC後
醫院導入時間競爭戰略後，重新配置檢查、手術順序、排班人員，使術前檢查幾天內即可完成。
不用等了！
動手術囉！
病患
手續簡化啦！
檢驗師
數日
手術
方便排手術了！
手腳
迅速
好快
醫生
排上手術表啦！
院長
這不僅使醫生和病患的滿意度大幅提升，15間手術室即使減至2間，也能增加30%的手術件數，成本也因此減少。

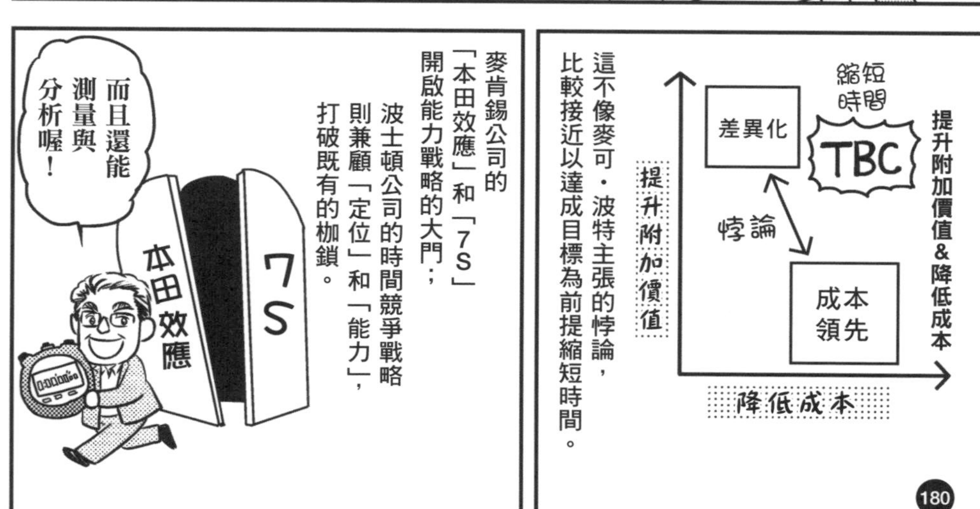

提升附加價值&降低成本
縮短時間
TBC
差異化
悖論
成本領先
提升附加價值
降低成本
這不像麥可・波特主張的悖論，比較接近以達成目標為前提縮短時間。
麥肯錫公司的「本田效應」和「7S」開啟能力戰略的大門；
波士頓公司的時間競爭戰略則兼顧「定位」和「能力」，打破既有的枷鎖。
而且還能測量與分析喔！
7S
本田效應

※原本就在推動的日本除外。

波士頓顧問公司的史托克從東京帶回「時間競爭戰略」

01

生產迷史托克學習洋馬，伯樂伊凡斯發現「時間」的重要性

- 標竿學習只是一種提升基本企業能力的策略，而非具有方向性和拿捏分寸的「戰略」工具。不過**以日本企業的經驗為基礎，重視能力的真正戰略論終於在1988年誕生**，也就是「**時間競爭戰略**」(**Time-Based Competition，TBC**)。這個觀念是由波士頓顧問公司的喬治・史托克（George Stalk Jr.，1951～）和菲利浦・伊凡斯（Philip Evans，1950～）等人所創。
- 1979年，史托克接受全球最大的農機製造商迪爾（Deere）委託，造訪其合作企業洋馬。和迪爾相比，他發現洋馬工廠有「生產率高、產品品質優良、庫存精簡、占用空間小、生產工時極短」等優點。
- 史托克深受洋馬的生產效率折服，幾年後向波士頓顧問公司的同事伊凡斯談起這件事，伊凡斯因此發現「**進展越快，競爭越具優勢**」這件事。

02

可測量的能力戰略 ——「時間競爭戰略」誕生

- 史托克深入研究，他認為光是協助加強技術、抄襲流程等方法稱不上是一名合格的顧問。他在東京辦事處研究豐田的同時不斷思考，最後**提出「以時間為基礎」的戰略概念，和「測量所有事物的時間（而非成本）」等方法**。
  - ・要提高附加價值，必須縮短從客戶提出需求到完成應對的時間
  - ・要降低成本，必須縮短所有流程的時間
- 以豐田和本田的技術來看，他們研發一款全新車種，只需要福特和通用一半的時間，數萬款產品也在其卓越的生產能力下，以低成本、高效率的方式製造出來。迅速向客戶提供最新、種類最多、價格最便宜的產品，就是時間競爭戰略的精髓所在！史托克研究日本企業後，先在1988年的《哈佛商業評論》發表文章〈時間 ——下一個競爭優勢的根源〉，而後於1990年出版《時間競爭戰略》(*Competing Against Time*）時達到顛峰。
- 提升附加價值（差異化）和降低成本（成本領先），不像麥可・波特主張的悖論，比較接近以達成目標為前提之下縮短時間。麥肯錫公司的「本田效應」和「7S」開啟能力戰略的大門；波士頓顧問公司的時間競爭戰略則兼顧「定位」和「能力」，打破既有的枷鎖，同時還能進行測量與分析。
- 幾年後，全球的波士頓顧問公司辦事處（日本除外），都是靠時間競爭戰略這項產品而蓬勃發展，令尊崇大泰勒主義的波士頓顧問公司風光一時。
- 令人感到意外的是，後來引發的「企業再造革命」，卻將時間競爭戰略捲入紛爭當中。

本田效應
7S

01 Taylor
02 Ford
03 Mayo
04 Fayol
05 Barnard
06 Drucker
07 Ansoff
08 Chandler
09 Bower
10 Andrews
11 Kotler
12 Henderson
13 Gluck
14 Porter
15 Canon-Honda
16 Peters
17 Bmarking-Robert
18 Stalk
19 Hammer
20 Hamel-Prahalad
21 Foster
22 Terman
23 Senge-Nonaka
24 Barney

自我衰敗的「企業再造」

麥可·哈默

- 25歲　取得麻省理工學院的EECS（電機工程與資訊工程）博士學位；後於該校任教
- 42歲　於《哈佛商業評論》發表〈改造作業 —— 不要自動化，要破壞〉而廣受好評

※德國納粹於第二次世界大戰中殘殺猶太人的行為。

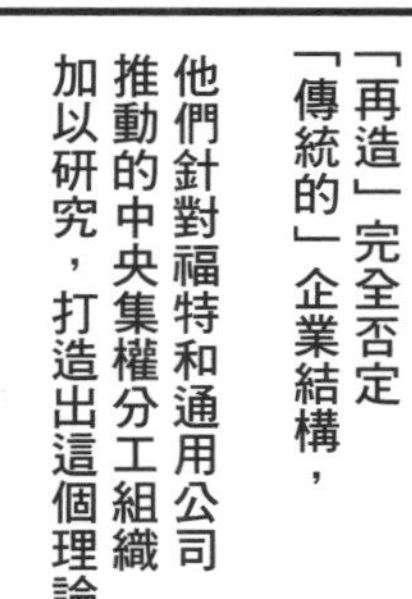

「再造」完全否定「傳統的」企業結構，
他們針對福特和通用公司推動的中央集權分工組織加以研究，打造出這個理論。

NO「傳統的」企業

哈默甚至大聲疾呼：

我們不要中央集權管理，作業基層擁有更多權限！（授權）

不是改善QC※，而是以徹底改革作為目標！
哦哦
不是讓業務自動化，而是讓它消失！

以客戶意見為主，而非公司看法！

哦哦哦

機能或資源分散在不同地點也無所謂，只要有資訊科技就能保持連結！

即時收集資訊，不要重複輸入相同訊息！
可以同時進行的工作作業期間就一起合作！

※品質管制活動（Quality Control）

太棒了
各位進行破壞吧！
哦
哦哦哦
這位麻省理工的教授，一躍成為企業界的閃亮巨星。

至於錢辟所領導的西恩指數顧問公司，營業額也跟著在10年內擴大20倍。
20倍
上吧

可是…如果真的照這種做法，不管戰略、組織或流程，就連基本的資訊系統都得整個換掉耶…
怎麼維持現有業務又進行再造呢？簡直痴人說夢嘛…
走！一起破壞去！
哇一
哇一

企業再造的倡導人之一湯瑪斯・戴凡波特，在1995年發表的論文中回歸理性討論。
大家請聽我說。
湯瑪斯・戴凡波特
Thomas Davenport（1954～）

企業再造沒有達到根本性的改革，只是當成縮小事業（裁員）的工具罷了。
緊張

即使是完成企業改造的項目，也只有67％達到最低限度的效果。
七上八下

成功達到「再造」的3家企業，沒多久也式微了。
汗流滿面

哈默等人提出的「企業再造」，儘管擴張迅速，卻也吞噬掉同為能力學派的主張，破壞其活動和方針（例如時間競爭戰略），最終同時走向衰敗。
呀呀呀呀呀呀
掉落
別再破壞了

1999年，錢辟的西恩指數顧問公司也面臨徹底改革的命運（破產與清算）。
能力學派的擁護者如雨後春筍般源源冒出。
可惡
掉落
總有一天
我一定捲土重來

破壞既有流程！
「企業再造」令哈默也自食惡果

01

哈默和錢辟大聲疾呼：既有流程悉數破壞！

- 任教於麻省理工學院的學者麥可・哈默（Michael Hammer，1948～2008），**1990年在《哈佛商業評論》發表〈改造作業一不要自動化，要破壞〉**，1993年和經營顧問公司的詹姆斯・錢辟（James Champy，1942～）共同出版《改造企業》這本暢銷書，大力推薦企業流程再造（BPR）這個概念。
- 1990年代中期，全球500大企業當中，有六成不是「正進行再造」，就是「準備進行再造」，受歡迎的程度可見一斑。
- **針對福特和通用公司等採中央集權分工的組織，深入研究後所提出的解方就是企業再造。**哈默等人完全否定這些「傳統的」企業結構，強調「企業再造革命」的重要性。
  - ・不是改善品質管制活動，而是以**徹底改革**為目標！
  - ・完全以**客戶意見**為主，而非公司的看法！
  - ・不走向中央集權管理，賦予**作業基層擁有更多權限**（授權）!
  - ・活用**資訊系統**，組織一體化！
- 哈默呼籲企業「破壞現有的組織結構！」「不是邁向自動化，而是讓業務消失！」「不要重複輸入相同資訊！」「組織分散各地也無妨，靠資訊科技相互連結！」「可以同時進行的工作在作業期間一起合作！」
- 可是按照這種做法，不管是戰略、組織、流程，就連基本的資訊系統都得整個換掉。錢辟所領導的西恩指數顧問公司大力推行企業再造，營業額在10年內擴大20倍。

02

短短5年，七成企業再造都以失敗收場！

- 由於不易執行和誤用，這股「企業再造」風潮迅速退燒。企業再造的倡導人之一湯瑪斯・戴凡波特，在1995年發表的論文中回歸理性討論。
  - ・企業再造並沒有達到根本性的改革，而是當成縮小事業（裁員）的工具罷了
  - ・完成企業改造的項目中，有67%並沒有成功
- 戴凡波特針對3家成功「再造」的企業進行調查，發現這些企業不久後也跟著式微。
- 哈默等人提出的「企業再造」，儘管擴張迅速，卻也吞噬掉同為能力學派的活動（例如時間競爭戰略），最終雙雙走向衰敗。**1999年，企業再造革命的象徵，也就是西恩指數顧問公司，同樣面臨徹底改革（破產、清算）的命運。**

01 Taylor
02 Ford
03 Mayo
04 Fayol
05 Barnard
06 Drucker
07 Ansoff
08 Chandler
09 Bower
10 Andrews
11 Kotler
12 Henderson
13 Gluck
14 Porter
15 Canon-Honda
16 Peters
17 Bmarking-Robert
18 Stalk
19 Hammer
20 Hamel-Prahalad
21 Foster
22 Terman
23 Senge-Nonaka
24 Barney

掌握「核心」才能成長

蓋瑞·哈默爾

- 密西根大學國際管理學博士學位，師事普拉哈拉德
- 29歲 任教於倫敦商學院
- 36歲 於《哈佛商業評論》發表文章

哈默爾與普拉哈拉德
提出「核心能力」
這個指引未來方向的
成長戰略。
蓋瑞・哈默爾
Gary Hamel
(1954～)

「企業再造」的本意是
迫使企業對事業和業務流程
進行徹底的改造。
然而1991年經濟衰退時，
企業改造卻被當成
精簡業務及人事的工具，
因此逐漸衰微。
呀呀呀呀呀
掉落
別再砸壞了

1994年出版的
《核心能力管理》，
由倫敦商學院的
蓋瑞・哈默爾
與恩師普拉哈拉德合著。
COMPETING FOR THE FUTURE
普拉哈拉德
C. K. Prahalad
(1941～2010)

哈默爾和普拉哈拉德
共同提出的
「核心能力管理」，
展現真正可以執行的
成長戰略。
往那邊走

並且成功在景氣復甦初期
吸引美國企業管理階層的注意。
《核心能力管理》讀過了嗎？
當然囉，它可是指引我們往具體方向成長的明燈呢！

「創造收益、持續比競爭
對手具備優勢的能力＝
核力能力」

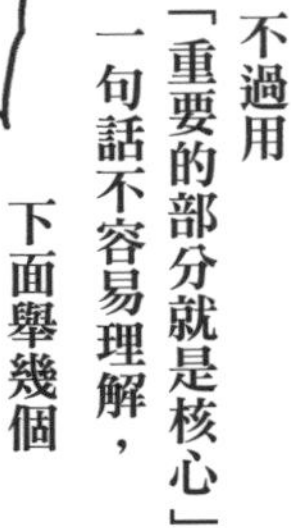

不過用「重要的部分就是核心」一句話不容易理解，
下面舉幾個簡單例子來說明。

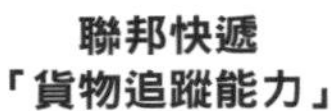

本田「引擎技術」
以引擎為中心，從摩托車、汽車向外拓展至割草機、鏟雪機。
夏普「液晶技術」
以液晶技術為中心，發展出液晶螢幕、家用攝影機、PDA、平板電視。
聯邦快遞「貨物追蹤能力」
物流業的競爭力根本「條碼技術」只不過是其中一項構成要素。

1234567890234

值得一提的是，技術、管道、人才都可以是核心能力。

不過，這種核心能力必須具備
①競爭對手不易模仿
②能夠創造客戶價值（客戶認同的價值）
③可發展其他事業
等特質。
畫重點
幾年後
戴爾、西南航空、Swatch等企業，正是利用核心能力，打破業界的規則！
DELL
SOUTHWEST AIRLINES
swatch
按照安德魯提出的SWOT分析（參照99頁）來看，
核心能力就是將來可預期的外部「機會」，也就是偏向未來的「優勢」。
SWOT矩陣
預定達成目標
積極
消極
因素
內部
優勢 Strengths
劣勢 Weaknesses
外部
機會 Opportunities
威脅 Threats

把業界分析當成戰略關鍵，只不過是過時神話！

1年後，
Mosaic敗下陣。
到1996年時，
Netscape已有八成市占率。
但好景不常，
微軟的IE後來居上。
4年後，
Netscape的市占率
只剩下不到15％。

在未來混沌不明的情況下，
能力學派有一群人
異軍突起。

這些人為了達到
企業「革新」的理念，
強調要提升人才和
組織的「學習」能力。

哈默爾與普拉哈拉德提出「核心能力」

01

《核心能力管理》展示可真正執行的成長戰略

- 1991年經濟衰退時，「企業再造」被企業當成精簡業務與人事的工具，逐漸沒落。後來在長達10年的「美國史上最長經濟擴張期」※11的推波助瀾之下，倫敦商學院的蓋瑞・哈默爾（Gary Hamel，1954～）與其恩師、也就是密西根大學的普拉哈拉德（C. K. Prahalad，1941～2010），共同出版《核心能力管理》（1994）一書。
- 「核心能力管理」主張以基礎業務為主軸，同時實現企業發展的成長戰略，為所有想要轉守為攻的經營者指引一條道路。
  - ・事業定位或業務效率，都不是企業獲益的根源
  - ・企業的中心「能力」非常重要。其中，堪稱企業競爭力、滿足客戶需求的能力要素，就是所謂的「核心能力」!
- 哈默爾等人主張，過去的經營戰略論欠缺「創造收益，且持續比競爭對手占有優勢」的概念，所以才會以失敗收場。

02

先有能力，後靠定位 然而「未來」依舊不得而知…

- 技術、管道、人才都可以是核心能力。只要這種能力具備**①競爭對手不易模仿、②能夠創造客戶價值（必須是客戶認同的價值）、③可發展其他事業**等條件。
- 幾年後，哈默爾認為戴爾、西南航空、Swatch等公司，正是「利用核心能力破壞業界既有規則」的典範。**把業界分析當成戰略的關鍵，只是過時的神話！**首先要充分比較自家企業和未來的競爭對手，**找到自己的核心能力**，進而找出未來（5～10年後）潛在的客戶、市場、服務，憑藉自己的力量開發市場。同時也強調企業發展應**先有能力、後靠定位**。
- 當然，要預測5年、甚至10年後，絕非容易之事（如他們所說）。
- 這本書於1994年出版，這年也是網路開始投入商業用途不久，瀏覽器Mosaic和後起之秀Netscape Navigator競爭龍頭寶座之時。Mosaic在1年後敗下陣，Netscape到1996年時已有八成的市占率。但好景不常，微軟的IE瀏覽器後來居上，Netscape的市占率在4年後只剩下不到15%。從這些情況來看，我們真的能預測未來趨勢嗎？
- 在未來混沌不明的情況下，能力學派異軍突起。這些人為了達到企業「革新」的理想，強調要提升人才和組織的「學習」能力。

※11 同時間，日本正面臨泡沫破裂，進入「失落的10年」。此時期日本的名目GDP只增長1.17倍，美國則是1.72倍。

01 Taylor
02 Ford
03 Mayo
04 Fayol
05 Barnard
06 Drucker
07 Ansoff
08 Chandler
09 Bower
10 Andrews
11 Kotler
12 Henderson
13 Gluck
14 Porter
15 Canon-Honda
16 Peters
17 Bmarking-Robert
18 Stalk
19 Hammer
20 Hamel-Prahalad
21 Foster
22 Terman
23 Senge-Nonaka
24 Barney

麥肯錫公司引領的「創新」潮流

理查·佛斯特

- 取得耶魯大學工程博士學位
- 31歲 進入麥肯錫，9年升任董事，任期長達22年
- 44歲 出版《創新：突破極限的經營戰略》，提出「雙重S形曲線」

①創新的非連續性

創新總是伴隨舊主角被新主角取代。

當都市的交通工具從馬車換成火車時，沒有任何一家馬車商家轉型為鐵路公司。

②創新的模式化

創新有5種模式。

1. 生產新的品質水準的產品
2. 新的生產方法
3. 開闢新的通路和市場
4. 獲得新的原料或半成品的供應來源
5. 建立新的組織形態（例如經由協定壟斷市場）

這些都無法仰賴技術革新，只要在業界「尚屬未知」就稱得上創新。

③金融機能的重要性
創新需要投入大筆資金。
從銀行調度資金（創造投資），在創新普及後回收資金（減少投資），形成景氣循環。
大成功♪
借你資金好好加油
咚
好耶
銀行
④企業家的角色
創新的推手不是一般的經營者，而是真正的企業家（包括創業家）。
突破
創新

但是這個以人為本的創新景氣循環理論，在當時實在過於前衛，加上無法化為數字和公式，因此很快就消失在經濟學的領域中※。
癱──軟
可惡！
沒事沒事，後來在管理學仍然占有一席之地唷！

※熊彼特後來成為奧地利的財政部長，在納粹的迫害下來到美國，最後擔任美國經濟學會的會長。

1970年代後期，IT與高科技產業進入爆發性成長。
IT
高科技
成長

1975年創業的微軟，每年營業額節節升高，10年後更達到1億美金。

10年 1億美金

Microsoft

而1976年創業的蘋果，僅用短短7年，銷售額就達到15億美金。

7年 15億美金

俗稱第三次工業革命的創新時代，就此揭開序幕。

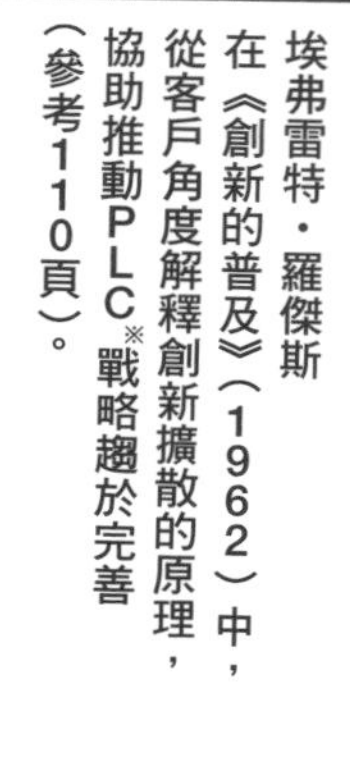
埃弗雷特・羅傑斯在《創新的普及》（1962）中，從客戶角度解釋創新擴散的原理，協助推動PLC※戰略趨於完善（參考110頁）。

DIFFUSION OF INNOVATIONS
FIFTH EDITION
EVERETT M. ROGERS

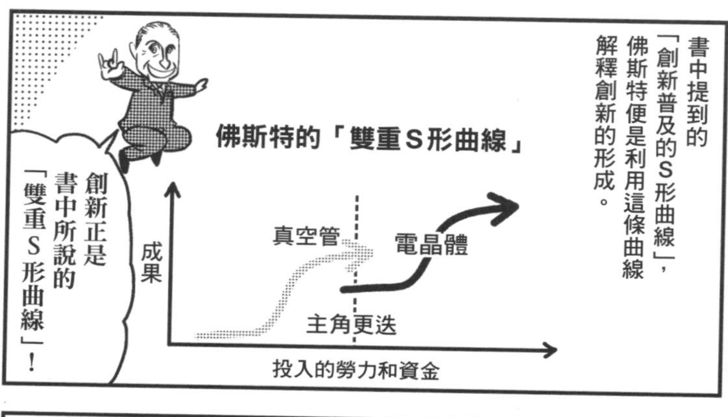
書中提到的「創新普及的S形曲線」，佛斯特便是利用這條曲線解釋創新的形成。
佛斯特的「雙重S形曲線」
成果
真空管
電晶體
主角更迭
投入的勞力和資金
創新正是書中所說的「雙重S形曲線」！

假設某項創新擴散並且趨於成熟，
另一處就會形成新的創新點子，逐漸茁壯後便會取代前一代的創新。
電晶體
一躍而上
哇！被超走了
真空管

換言之，新的創新是從更具優勢的地位起步，因而取代過時的創新。
熊彼特提出的主角更迭，也是在這個情況下發生。
舊負責人
新負責人
真空管
電晶體
主角更迭

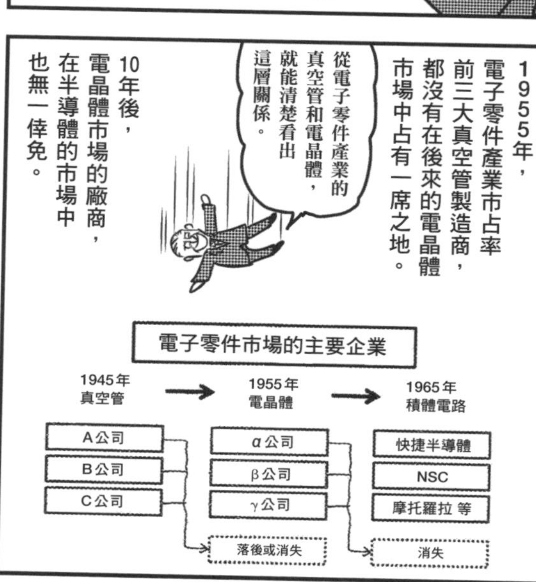
1955年，電子零件產業市占率前三大真空管製造商，都沒有在後來的電晶體市場中占有一席之地。
從電子零件產業的真空管和電晶體，就能清楚看出這層關係。
10年後，電晶體市場的廠商，在半導體的市場中也無一倖免。
電子零件市場的主要企業
1945年 真空管
1955年 電晶體
1965年 積體電路
A公司
B公司
C公司
α公司
β公司
γ公司
快捷半導體
NSC
摩托羅拉 等
落後或消失
消失

※產品生命週期

Q.一旦產生創新，有辦法確保優勢，未來不會出現「主角更迭」的情形嗎？

儘管發問～

※Cannibalization，即自家產品因為客戶需求而互相競爭。

然而，佛斯特對於何時該投資、如何選擇新的創新，完全沒有具體的描述。

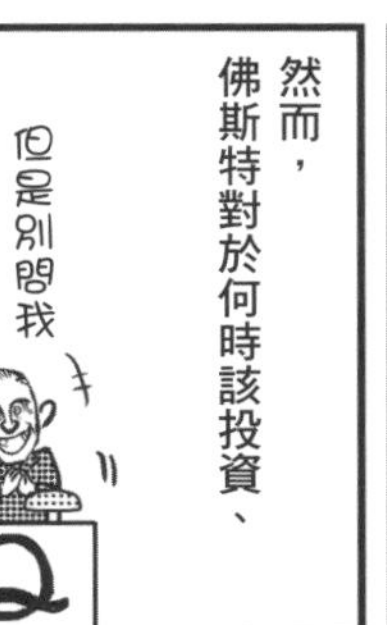

麥肯錫公司的佛斯特點燃「創新」衝擊

001

創新理論的始祖 —— 熊彼特

- 約瑟夫・熊彼特（Joseph Schumpeter，1883～1950）堪稱創新理論的始祖。他在《經濟發展理論》（1912）一書提到：「經濟發展的原動力，來自企業家不斷創新。」並針對創新提出4點主張。
- ①創新的非連續性、②創新的模式化、③金融機能的重要性、④企業家的角色。但是這個**以人為本的創新景氣循環理論**無法化為數字和公式，很快就在經濟學的世界中銷聲匿跡，後來重新在管理學領域占有一席之地。

002

麥肯錫培育的研發專家，佛斯特的「雙重S形曲線」

- **1970年代後期**，IT和高科技產業爆發成長。1975年創業的微軟，每年營業額節節升高，10年後更達到1億美金；1976年創業的蘋果，僅用短短7年就使銷售額達到15億美金。有「第三次工業革命」之稱的創新時代就此揭開序幕。
- 埃弗雷特・羅傑斯在《創新的普及》（1962），從客戶的角度解釋創新擴散的原理，並以**創新普及的S形曲線**來闡述，協助推動PLC戰略趨於完善。
- 麥肯錫公司的理查・佛斯特（Richard Foster，1942～）援引這個觀點，**利用「雙重S形曲線」呈現熊彼特提出的「創新的非連續性」**。從真空管（最初的S形曲線）到電晶體（下一代的S形曲線）正是最好的例子，**「主角更迭」的現象也是在此時更為明確**。從電子零件市場來看，1955年時市占率前3名的真空管公司，沒有一家進入電晶體市占率的前3名；而這些電晶體製造商在10年後，也沒有一家能在積體電路市場中存活。佛斯特於1986年將研究成果整理成《創新：突破極限的經營戰略》，獲得極大迴響。

003

雖然主張「以守為攻」……

- 企業在創新層出不窮之下該如何因應？熊彼特強調創新需要有企業家和資金投入。創新出現之後又該如何維持優勢呢？一旦產生創新，有辦法防止之後不會出現「主角更迭」嗎？
- 佛斯特主張「以守為攻」，維持舊有創新，同時積極投資新的創新。可是他卻**沒有具體描述何時進行投資、用何種方式選擇創新**，這使得管理顧問公司無法搭上這股創新戰略的風潮，問題只能留待下個世代解決。

01 Taylor
02 Ford
03 Mayo
04 Fayol
05 Barnard
06 Drucker
07 Ansoff
08 Chandler
09 Bower
10 Andrews
11 Kotler
12 Henderson
13 Gluck
14 Porter
15 Canon-Honda
16 Peters
17 Bmarking-Robert
18 Stalk
19 Hammer
20 Hamel-Prahalad
21 Foster
22 Terman
23 Senge-Nonaka
24 Barney

一手打造「企業家」的搖籃

弗雷德里克·特曼

- 罹患肺結核，辭去麻省理工學院的教職回鄉休養
- 代表作《無線電工程原理》
- 創建史丹佛研究園區
- 吸引許多企業和投資

矽谷之父，
弗雷德里克・特曼
弗雷德里克・特曼
Frederick Terman
（1900～1982）

創新的趨勢使眼下的市場龍頭地位逐漸不保，造成一波企業恐慌潮。
創新要來囉～
佛斯特
哇啊啊，要跟不上時代了！

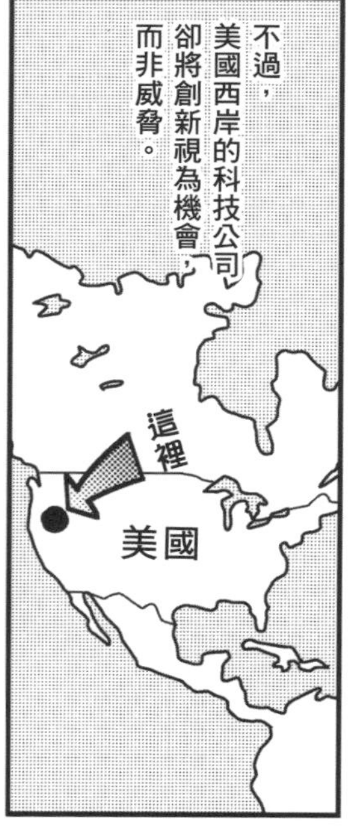
不過，美國西岸的科技公司卻將創新視為機會，而非威脅。
這裡
美國

特曼因為罹患肺結核，只得辭去美國東海岸麻省理工學院的教職。
後來應史丹佛大學的邀請，不僅重拾史丹佛昔日風光，也成為矽谷的催生者。
大學不應該是學術的象牙塔！
要阻止人才流向東岸，就必須讓大學成為一座應用研究中心！
流出
STOP

どーん
特曼找來許多優秀教授強化史丹佛的師資陣容，
並且在矽谷提供4000公頃的土地，吸引許多高科技企業前來投資。
哇！好寬廣！
就決定是這裡啦
這就是「史丹佛研究園區」的設立由來。
優秀的學生當然需要優秀的工作環境！

啊
想到一個不錯的點子
特曼建議兩名資質優秀的學生創業。
休利特、帕卡德，你們要不要試著自己創業呢？
啊…怎麼那麼突然？
在特曼的介紹下，史丹佛大學的校友休利特和帕卡德共同創立惠普公司，後來也跟著遷至研究園區。
加油！上吧！
哦
哦
什麼事？
特曼又發神經了

特曼還從貝爾實驗室拉來電晶體的發明者之一肖克利，後來建立了肖克利半導體實驗室。
貝爾實驗室
過來這裡
什麼事

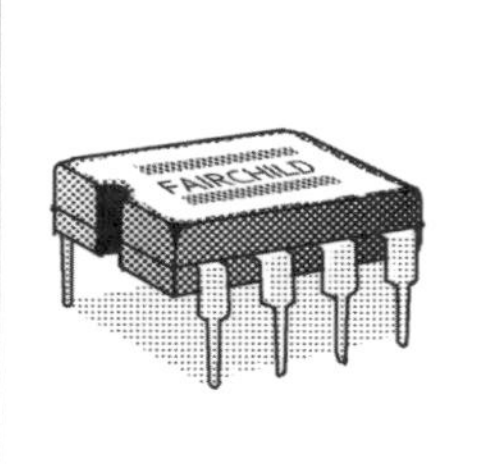
之後，從肖克利半導體實驗室出走的員工，又創辦快捷半導體公司。
FAIRCHILD

惠普、肖克利半導體實驗室、快捷半導體這些公司，後來都成為許多創業家與創新的搖籃。
孵化器
創新

蘋果創辦人之一史蒂芬・沃茲尼克就是其中一人。
他在惠普工作時，設計出Apple I。
蘋果有益健康
看起來不修邊幅但我也是名人喔

特曼擔任教職的期間，不斷向學生傳達創新的重要性。
各位要注意了！撼動這個世界的人絕非那些學識淵博的學者，
只有不受知識束縛的人才能帶領企業創新！

「創業戰略」能夠創造出新的創新和組織，不過前提是需要「創業家」（企業家）跨出第一步。

在大多數領域裡，我們都會在成功的創新例子中，找到特立獨行的創業家，所以總是自然將「創業戰略」當成「創業家理論」，因此也引發各界檢討什麼樣的企業家才能成功的討論風氣。

另一方面，位於東海岸的波士頓。
我以後要先進入顧問公司或投資銀行從事高薪工作，再出來創業當老闆！

這種想法真是古板。
超遜
為什麼

一般人都是選擇直接創業吧？
就是說啊
這樣啊…

好！我決定不當上班族了！我要創建第二個惠普或蘋果！
…
很好

您倒是想想辦法呀。
該怎麼做呢？
忍無可忍…
渾身
亂顫

在美國東岸波士頓致力培養大企業經理人的哈佛商學院，也無法抵擋這股來自西岸的創新浪潮。

怎麼能輸給西岸那些人！
我們也要推動創業家培育計畫！
霍華德・史蒂文森
Howard H. Stevenson
（1941～）
1982年，霍華德・史蒂文森於哈佛商學院開設培育創業家的教育課程。
哦哦
走著瞧吧西岸的傢伙
玩真的了

他為這個課程撰寫、指導超過150個案例。負責該課程的教員也從5人增加至35人，
哈佛商學院一躍成為美國最大的創業家培育機構。
絕不認輸！
絕不認輸！
絕不認輸！

大家聽我說！

所謂的創業精神，就是「不滿足現有資源，追求更多機會」！
把需要的人才、物品、資金通通搶過來！

但是，創業家到底是什麼？
搞不懂……
你們這些散漫傢伙！

①制定戰略：不拘泥於現有資源，追求機會
②隨機應變：必須迅速因應，不能徐徐圖之
③經營資源：只從外部調配必要的資源，而非公司所有資源
④組織結構：不採階級式，而是平行的組織架構。透過非正式的人際網絡多重連結
⑤獎勵制度：不以個人，而是以團隊為單位；不採固定報酬，而是視利潤多寡分配
創業家就是執行這些「流程」的探險家！

總之就是「成功的創業家不能小心翼翼、慢吞吞地擬定戰略，
必須迅速因應外來的機會」這樣的意思嗎？
沒錯！
對眼前機會窮追不捨的態度和能力就是成功關鍵！

史蒂文森的創業家課程培育出少數著名的成功企業家，和大量的失敗者，這種情況一直持續到21世紀。

如何培養創業家？史丹佛大學vs.哈佛商學院

01

史丹佛大學的弗雷德里克・特曼催生矽谷

- 創新導致眼下的市場龍頭難以長保地位，不過美國西岸的科技公司卻視為機會，而非威脅。迪吉多、控制資料、通用資料、蘋果等電腦製造商，以及肖克利半導體實驗室、快捷、英特爾等半導體製造商，皆**受惠於史丹佛大學而大幅成長**，1985年有大半都躋身全球500大企業之林。
- 弗雷德里克・特曼（Frederick Terman，1900～1982）在史丹佛大學的邀請下重拾史丹佛昔日風采，他也成為矽谷的催生者。特曼當時的任務是「防止學生流向東岸」。
- 特曼認為「大學不是學術象牙塔，而應該成為應用研究中心」。不僅找來許多優秀教授，強化大學師資陣容，更在矽谷提供4000公頃的土地，吸引許多高科技企業前來投資，使優秀的學生能夠進入優秀企業工作，這就是「史丹佛研究園區」[※12]的由來。
- 在大多數領域裡，**都能在成功的創新例子中找到特立獨行的創業家，所以總是自然將創業戰略當成「創業家理論」**，也引發各界討論什麼樣的企業家才能成功。討論中心主要集中在史丹佛大學和臨近的加州大學柏克萊分校。

02

哈佛商學院的回應：由創業家來挽救世界？

- 1980年代，哈佛商學院也跟著提出「創業家培育計畫」。以往致力培養大企業經營者的哈佛商學院，意識到眼下學生都以「成功創業賺大錢」為生涯目標，被迫在教學方針上做出改變。無論在哪個時代，學生的就業方向往往決定商學院的教學方針，如同波特過去在哈佛商學院開發出深受學生好評的課程（ICA）。
- 霍華德・史蒂文森（Howard H. Stevenson，1941～）正是這次變革的中心人物。史蒂文森**定義創業精神是「不滿足於現有資源，追求更多機會」**。1982年他應邀進入哈佛商學院，開設培養創業家的教育課程。直到他離職為止，共為這個創業家課程撰寫、指導超過150個的案例。該課程的教員也從5人增加至35人，使哈佛商學院一躍成為美國最大的創業家培育機構。由此可見史蒂文森本人也稱得上是一名創業家。

- 然而，1989年成長最迅速的500家美國企業當中，近七成企業「**在創業之初沒有具體的商業計畫（戰略和資源計畫）**」。就目前來看，創業家理論既非定位學派，也不屬於能力學派，只是一種**對眼前機會窮追不捨的態度和能力**。

※12 迄今約有7000家企業入駐，已然成為全球最大的科技產業聚落。

01 Taylor
02 Ford
03 Mayo
04 Fayol
05 Barnard
06 Drucker
07 Ansoff
08 Chandler
09 Bower
10 Andrews
11 Kotler
12 Henderson
13 Gluck
14 Porter
15 Canon-Honda
16 Peters
17 Bmarking-Robert
18 Stalk
19 Hammer
20 Hamel-Prahalad
21 Foster
22 Terman
23 Senge-Nonaka
24 Barney

團隊引領學習

彼得·聖吉和
野中郁次郎

聖吉

- 廣泛具備航空工程、哲學、社會系統理論、管理學等背景
- 將「系統思考」帶入管理和經濟領域
- 43歲 出版《第五項修練》
  《哈佛商業評論》將這本書評為「75年來最優秀的管理書籍之一」

野中

- 37歲 取得加州大學柏克萊分校的管理學博士學位
- 49歲 出版《失敗的本質》（合著）
- 55歲 出版《知識創造的經營》
- 60歲 和竹內弘高合著《創新求勝》使知識管理、SECI模型廣為流傳

1990年以降，有一派將企業和社會成長所需的創新視為「創造全新知識的能力」，認為任何企業都有辦法加以解決。
麻省理工學院的彼得・聖吉正是這個學派的先鋒。
他在史丹佛大學專攻航空工程和哲學，後來取得麻省理工學院的社會系統理論碩士，以及史隆商學院的管理學博士學位。
彼得・聖吉
Peter Senge
（1947～）
身兼工程師、哲學家、社會學家、管理學家，由於具備這些學識背景，他提出「將企業視為系統」。
終於做好啦！
組織為什麼會做出違反決策和直覺的行動？他在《第五項修練》（1990）使用大量的「系統圖」試圖解釋。
系統理論主張「部分可相互作用，合為一體，但是整體卻無法還原成部分」。
再加上A和B的相容性高，因此組合起來能夠發揮出A＋B以上的能力。
反過來看，也代表光看A和B無法得知整體能力。
滔滔不絕
？
？
？
一切都不是遵循直線性的「因為A所以B」，而是和「A→B→A」這樣的循環息息相關。
A→B
老師…這部分聽不懂…
怎麼會！
連這種道理也不明白嗎!?
驚嚇
《第五項修練》強調「學習能力就是一切」，書中有許多全新的概念和名詞，因此讓許多人望之卻步。
210

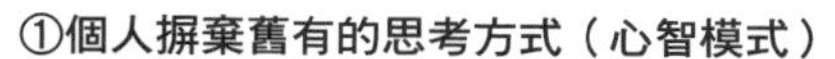

①個人摒棄舊有的思考方式（心智模式）
②學習以開放的態度接納他人意見（自我掌控）
③了解公司與社會的實際情況（系統思考）
④打造所有人都能接受的方向（共同願景）
⑤為了達成願景而同心協力（團隊學習）

能夠做到以上內容的組織，就稱得上是「學習型組織」。

以跳高為例，先從「I」開始介紹。

I:內化

從跳高指南學習吸收為自己的能力

S:共享

直接告訴同伴跳高的訣竅

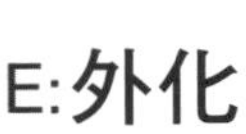

E:外化

匯整成團隊使用的共同做法

"Fosbury Flop" Manual

Oregon State Univ.

C:結合

參考其他運動的做法或訣竅自我強化

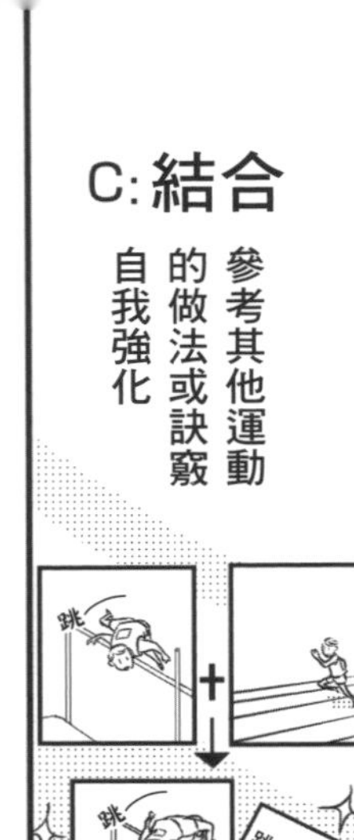

I（內化）於個人的鍛鍊中

S（共享）於相互切磋當中

E（外化）於寫成文章的痛苦中

C（結合）於組合不同類型的運動中

在其中某個環節裡創新便誕生了。

SECI模型發表於《創新求勝──智價企業論》（1995）一書當中。

野中對美式的戰略和組織理論抱持反對看法。

詳細制定戰略或戰術，之後才進行「組織化」（調配人員和劃分責任）根本無法產生創新嘛。

比起知識，還不如尋找能夠理解戰略重要性的人來制定戰略。
只要決定戰略方針，細節由團隊決定。
不是這樣
也不是那樣
野中將這些做法稱為「自我組織化」。

杜拉克在20年前出版的《不連續的時代》（1969）提出「知識社會」，野中則大力推廣這個概念。
知識社会
ぬっ

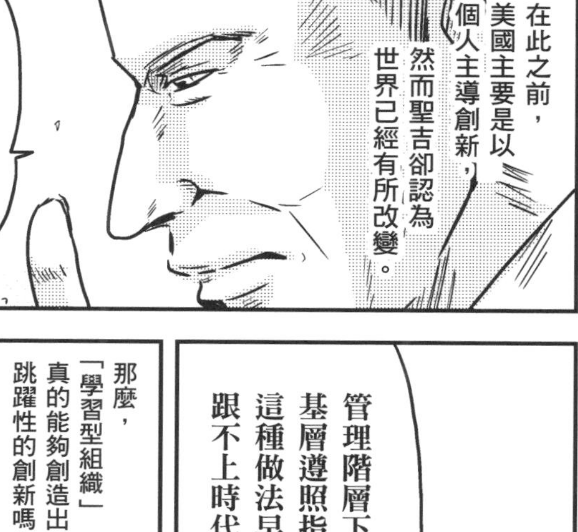
在此之前，美國主要是以個人主導創新，
然而聖吉卻認為世界已經有所改變。

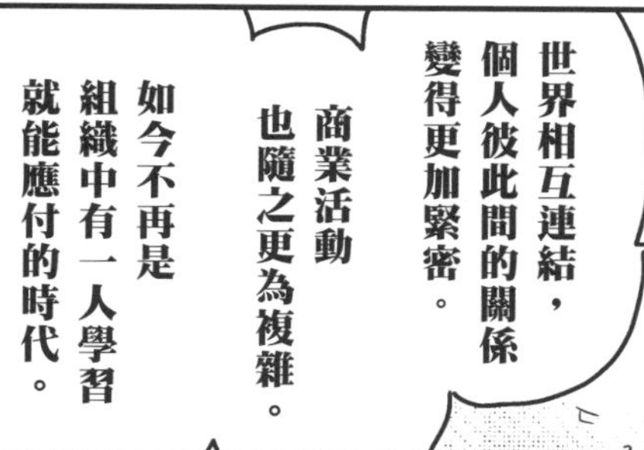
世界相互連結，個人彼此間的關係變得更加緊密。
商業活動也隨之更為複雜。
如今不再是一人學習就能應付的時代。

管理階層下決策，基層遵照指示活動，這種做法早已經跟不上時代了。
往那邊

那麼，「學習型組織」真的能夠創造出跳躍性的創新嗎？
「自我組織化」的過程中，靠「偶然」制定戰略，真的有效果嗎？
潛入
經營戰略仍然持續進化中。
…
…

聖吉和野中提倡的新型態學習

01

所謂創新，是創造「全新知識」的能力

- 創業家理論認為，企業和社會成長所需的創新，乃至投資和選擇方向這類定位問題，並非我們既有的能力可以解決，而是關乎創業家（企業家）這類角色的態度和能力。這派理論儘管非常具有吸引力，卻無法提供大企業想要的答案。1990年以後，新的管理學主張創新是「創造全新知識的能力」，認為任何企業都有辦法解決。麻省理工學院的彼得・聖吉（Peter Senge，1947～）就是這個學派的先鋒。具有工程、哲學、社會學、管理學背景的聖吉，提出「將企業視為系統」的觀點。

02

聖吉的《第五項修練》：同步學習

- 系統理論認為「部分相互作用、合為一體，但整體無法還原為部分」。組織為什麼做出違反決策和直覺的行動？聖吉在《第五項修練》（1990）中使用大量「系統圖」試圖加以解釋。
- 《第五項修練》強調「學習能力就是一切」。由於有許多全新的概念和名詞，令許多人望之却步。書中闡述所謂的「學習型組織」（The Learning Organization），便是滿足「摒棄既往思考模式」「自我掌控」「系統思考」「共同願景」「團隊學習」等條件的組織。聖吉主張企業的競爭優勢仰賴個人和團體的持續學習。

03

野中郁次郎的挑戰：SECI模型

- 一橋大學的野中郁次郎（1935～），針對「持續學習」提出具體做法。「知識」除了可以文章（或圖表）化的「顯性知識」，還有無法客觀化的「隱性知識」。野中透過「SECI模型」來說明個人和團體（組織）如何創造出這類全新知識。
- SECI模型首先出現於《知識創造的經營》（1990），隔年在哈佛商學院以論文形式發表，並在1995年的增補版《創新求勝 ——智價企業論》（*The Knowledge-Creating Company*）※13中提倡，在全球廣為流傳。SECI模型之所以引起世人注意，就是因為它說明了「團隊中的知識創造」與「連續漸進性的創新」等機制。
- 野中強調詳細制定戰略和戰術後再「組織化」（人力調度、責任劃分）的做法，無法產生創新。聖吉也認為召集理解戰略重要性的人，制定戰略方針，就會形成「自我組織化」，團隊就能決定細節並付諸實行。「世界在相互連結之下，個體關係變得更加緊密，**如今已非組織中有一人學習就能應付得了的時代**」。
- 「學習型組織」真的能創造跳躍性的創新嗎？在「自我組織化」的過程中，靠「偶然」制定的戰略，真的能發揮效果嗎？

※13 獲選美國出版協會的「年度最佳書籍」。

01 Taylor
02 Ford
03 Mayo
04 Fayol
05 Barnard
06 Drucker
07 Ansoff
08 Chandler
09 Bower
10 Andrews
11 Kotler
12 Henderson
13 Gluck
14 Porter
15 Canon-Honda
16 Peters
17 Bmarking-Robert
18 Stalk
19 Hammer
20 Hamel-Prahalad
21 Foster
22 Terman
23 Senge-Nonaka
24 Barney

「能力學派」的龍頭登場

傑恩·巴尼

- 取得耶魯大學博士學位，於加州大學洛杉磯分校任教
- 組織戰略大師
- 和魯梅特共同提出「資源基礎理論」（RBV）

※Resource-Based View：資源基礎理論

波特為了調查業界的收益程度（是否為獲利市場），將經濟學的手法帶入管理學中（五力分析）。
獲利市場
營利組織
巴尼等人為了解個別企業的收益差異（是否為營利組織），而使用經濟學的理論。

同一領域的企業，之所以績效（收益等）出現差異，
是因為企業使用「資源」的方式不同。
換句話說……
寫
寫

Resourse

・經營資源＝有形資產＋無形資產＋能力

（地點等）（品牌等）（供應鏈能力、決策能力等）

這就是公式！

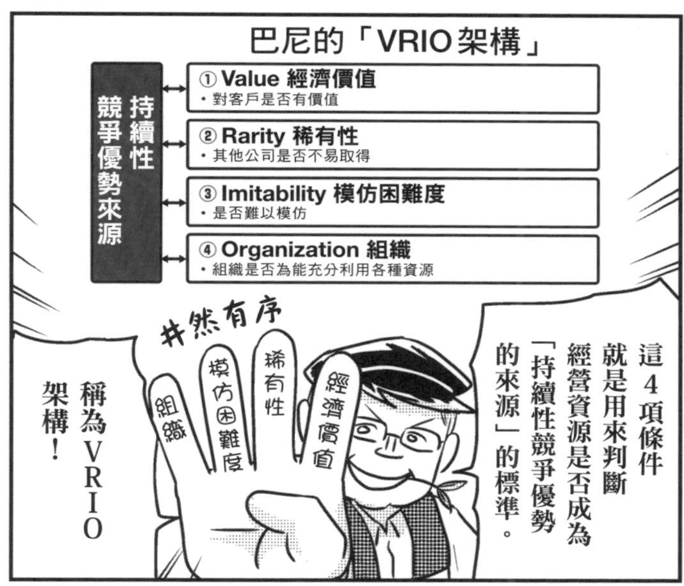

我再稍微針對VRIO架構說明一下吧。

翻開

讓我們試著分析1990年代戴爾為什麼能在嚴峻的經營環境取得成功。

※Just-In-Time，及時採購，也稱為及時化生產。

加上VRIO架構中最重要的「經濟價值」分析，也因為解釋不清而失去原有作用。
打飛
呀！

從戴爾的產品組裝機能來看，無論做得再好，也不過只占全部產品成本中的一小部分，稱不上具有經濟價值。
總成本
產品組裝機能
啊
啊

儘管VRIO能夠釐清哪些是有效「資源」，卻沒有告訴我們創造、取得這些資源的「流程」為何。
如何獲得資源？
啊呀呀呀

資源基礎理論仍屬於未臻完善的經營戰略論，無法實際運用在企業管理上。
我到底都在做什麼…
跪地不起

出現

雖然不夠完善，但仍有研究價值喔。
對我的研究很有幫助呢。

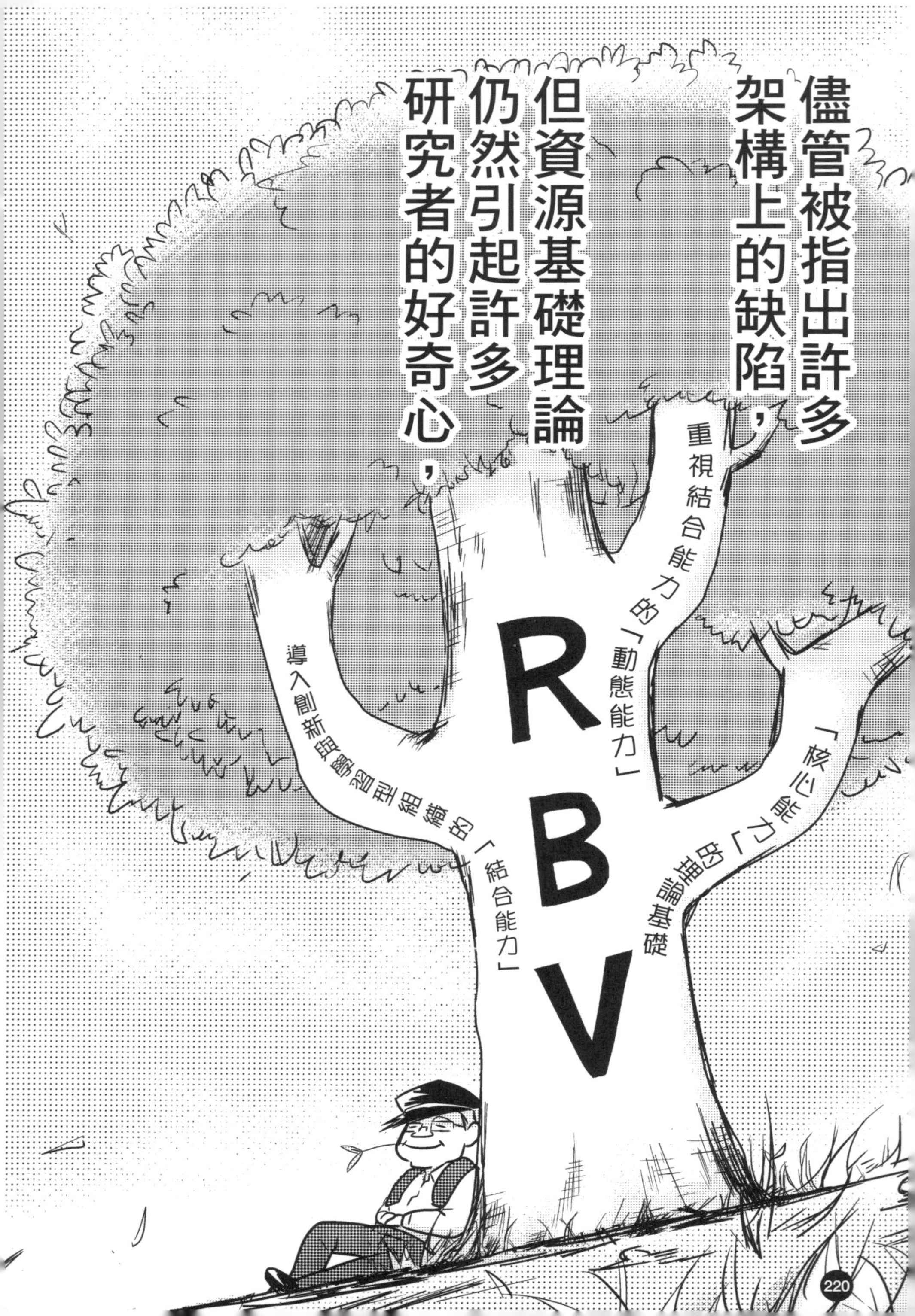
儘管被指出許多架構上的缺陷，
但資源基礎理論仍然引起許多研究者的好奇心，
RBV
重視結合能力的「動態能力」
導入創新與學習型組織的「結合能力」
「核心能力」的理論基礎

進而成為能力學派的
核心概念。
熊彼特率先連結起
經濟學、企業活動與企業家。
這些研究學者
是否能超越他的成就呢？
丹尼・
米勒
拉菲・阿密特
C・K・
普拉哈拉德
蓋瑞・哈默爾
將來是否能開創出
適用於經營第一線的
理論和工具呢？
讓我們拭目以待吧。
大衛・J・泰斯
瑪格麗特・
彼特拉夫

能力學派的核心概念成形

巴尼將企業擁有的一切稱為「資源」，資源決定企業的收益多寡

- 從7S模型到時間競爭、創新戰略，1980年到1995年這段期間，堪稱是經營戰略論百家爭鳴的時代。書店原本銷售不佳的商業書籍，逐漸和文學作品並排展示。然而這段期間卻沒有任何一派理論出現決定性的突破，這令許多經理人都困惑不已。
- 此時，資源基礎理論（Resource-Based View，RBV）在眾所期待之下（主要是管理學家）亮麗登場。1984年以降，以魯梅特、俄亥俄州立大學的傑恩・巴尼（Jay B. Barney，1954～）、達特茅斯學院的瑪格麗特・彼特拉夫（Margaret Peteraf）等研究人員為中心，經營戰略理論不斷發展。
- 此時期大量運用經濟學的方法。波特為了調查業界的收益程度（是否為獲利市場），將經濟學的手法帶入管理學（五力分析）；**巴尼等人為了解個別企業的收益差異（是否為營利組織），因此使用經濟學的理論**。
- 他們認為同一領域的企業，之所以績效（收益等）不同，是因為每個企業運用資源的使用方式不同。
  - 資源＝有形資產（位置等）＋無形資產（品牌等）＋能力（供應鏈能力、經營判斷力等）
- 如果能善用資源，一定能維持「持續性競爭優勢」。

藉VRIO分析戴爾的戰略優勢和失敗原因

- 巴尼列舉4項判斷標準：**經濟價值、稀有性、模仿困難度**、不可取代性。**第4項改為「組織」，稱為VRIO架構**。
- 巴尼在他的名著《企業戰略論》（1996）中，透過VRIO架構，分析1990年代的戴爾是如何在嚴峻的事業環境中取得成功。
- 可是戴爾的競爭優勢卻在幾年後消失殆盡，因為RBV出人意外地既「安靜」又「內向」，沒有將外部環境的變化考慮進來。其中最重要的「經濟價值」分析，也因為定義模糊而失去作用。雖然能夠釐清哪些是有效的「資源」，卻無法告訴我們創造、取得這些資源的「流程」。
- 資源基礎理論仍屬於未臻完善的經營戰略論，無法實際運用在企業管理上。儘管被指出許多架構上的缺陷，卻仍然引起許多研究者的好奇心，逐漸成為能力學派的核心概念。不僅成為「核心能力」理論的基礎，更導入創新與學習概念，進化為「結合能力」和「動態能力」的概念。
- 目前研究學者正試圖整合整體和部分、經濟和管理、戰略和流程、企業－企業家－員工、靜態和動態，**深入研究資源基礎理論這個廣大的知識領域**。未來是否能開創出適用於經營管理第一線的理論和工具呢？就讓我們拭目以待吧。

Summary 確立篇 重點整理

征服經營戰略這座高山

泰勒、梅堯建立管理學的基礎

泰勒將「經營」概念視為工廠和第一線的科學管理，希望可藉此提升生產效率和工人的幹勁。這套「科學管理」理論，成為現代管理學的起源。

以霍桑工廠實驗著稱的梅堯，強調工人的生產效率無法光靠改善勞動條件或流程來提升，於是提出「人際關係理論」，將重點擺在「幹勁」而非工資。

廣義來看，「管理」一詞代表企業活動的經營（administration）。法國企業家費堯於20世紀初期，明確指出管理和各種企業活動的定義。

再退一步來看，美國於1930年代引發的經濟大恐慌，令企業深刻了解「管理」的重要性，更發現靠富裕大眾擴大市場的經營方式不再是一條可行的道路。巴納德讓經理人逐漸明白經營是一座險峻又難以征服的高山。

杜拉克以「管理」稱呼這座高山，留下各種改變高山風貌的預言。

話說回來，我們又該如何征服這座高山呢？

定位學派呼籲攀登具有攀爬價值的高山

首先提出「經營戰略是一種藝術」觀點，並提出固定分析方式和建構手法的人，包含安索夫（利用「安索夫矩陣」呈現成長策略）、錢德勒（組織跟隨戰略）、安德魯（推廣「SWOT分析」）。

進入1960年代後，專精於經營戰略領域的波士頓顧問公司誕生，在戰略迷亨德森的領導下，陸續開發出「經驗曲線」「成長與市占率矩陣（PPM）」「優勢矩陣」等事業分析與管理工具。這些以數字和事實為基礎的究極分析手法，被後人稱為「大泰勒主義」。

哈佛商學院的龍頭波特，則利用「五力分析」加強「事業環境分

能力學派主張提升登山能力，攀登合適的高山

然而大家逐漸察覺，由經營戰略創造出來的「優勢」，不久便消失殆盡，始作俑者就是佳能、豐田、本田這些日本企業。他們突破難以跨越的高牆，開始搶占美國企業（全錄、通用）的版圖。

能力學派的追隨者，使經營戰略成為企業在「本身的強項能力」上站穩腳步的利器。

麥肯錫公司的「7S」充分展現這個理論，彼得斯等人則透過《追求卓越》（1982）一書，使大家了解企業競爭力的來源不僅僅只有定位。哈默爾等人的《核心能力管理》（1994），更是1990年代能力學派百家爭鳴的先驅。

到了1990年，哈默爾在《改造企業》中疾呼「全部破壞」，波士

析」，並以「價值鏈」重新定義企業活動，將經濟學手法（相當牽強地）導入管理學當中，成為致勝的關鍵，但這些都是1980年代發生的事。

所謂的經營戰略，正是指選擇「可獲利的市場」，在其中取得「獲利位置」（定位），組織和人員配合這個戰略進行強化。此時仍是定位學派居上風，想要挑戰「經營」這座高山，最好選擇具攀爬價值的山，尋找容易攀登的道路……。

Summary

頓顧問公司的生產迷史托克則出版《時間競爭戰略》，這些都是可以量化的能力戰略。

同一時間，野中也出版《知識創造的經營》，他和提出「學習型組織」的聖吉共同推廣組織和人員「雙邊學習」的價值和架構。學術方面以巴尼為中心，他將這些觀念整理成「資源基礎理論」(Resource-Based View，RBV)。

定位學派和能力學派互不相讓，不斷爭辯哪一方先提出理論。

革新篇前情提要

在1990年代，以各種理論為基礎，能力學派意氣風發地迎向21世紀，但日本企業特立獨行的做法卻打亂原本的步調。日本企業創造JIT採購※14和時間競爭戰略，朝向時間控管、效率化、多樣化的方向發展，不僅縮短產品開發週期，產品種類也跟著激增，價格也不斷下探。基於能力學派理論的競爭結果，導致所有企業都無利可圖，落入高效率、低收益的陷阱中。這對於主張「能力比定位更能維持持續性競爭優勢」的能力學派而言，無異於一大打擊。定位學派的龍頭波特更趁隙發動攻勢……。

然而，真正的解答仍在另一個不為人知的角落等待挖掘，就留待介紹21世紀「經營戰略論之戰」的革新篇再詳述吧！

※14 儘快在規定期限內完成生產和交貨，全名為Just-In-Time。

本書主要登場人物（依登場順序排列）

弗雷德里克・泰勒
Frederick Taylor ——【1856～1915】

科學改善勞動條件和工資制度，提高生產效率。

・導入「科學管理」，提高生產率／鐵鍬研究
・人們的工作動力源自勞動條件改善和經濟獎勵

原書名 Original title
The Principles of Scientific Management

出版年 Publication year
1911

登場頁 Page
P16

亨利・福特
Henry Ford ——【1863～1947】

便宜的汽車催生富裕大眾。

・利用「量產」，將福特T型車價格壓低至年收入三分之一
・經營者應該提供「工資動機」，付給員工優渥薪水

企業名 Campany
福特汽車

英文名 English name
Ford Motor

創立年 Founded
1903

角色 Role
創辦人

登場頁 Page
P24

艾爾頓・梅堯
George Elton Mayo ——【1880～1949】

生產效率由人際關係決定。

・推導出「人際關係學說」的霍桑實驗
・比起金錢或勞動條件，人們更重視人際關係

原書名 Original title
The Human Problems of an Industrial Civilization

出版年 Publication year
1933

登場頁 Page
P34

亨利・費堯
Henri Fayol —【1841～1925】

管理者的經營與管理流程，可提高生產效率。

・定義企業的整體活動和管理流程，與工廠區別
・計畫、組織、指揮、協調、控制的POCCC循環

原書名 Original title
Administration industrielle et générale

出版年 Publication year
1916

登場頁 Page
P44

阿爾弗雷德・斯隆
Alfred Sloan —【1875～1966】

創造需求，度過經濟大恐慌。

・透過多品牌戰略、提供汽車貸款，創造需求
・導入事業部組織

企業名 Campany
通用汽車

英文名 English name
General Motors

創立年 Founded
1908

角色 Role
總裁、中興之祖

登場頁 Page
P56

切斯特・巴納德
Chester L. Barnard —【1886～1961】

組織系統化，因應外部環境變化。

・賦予組織「共同目標」「貢獻慾望」「溝通協調」
・共同目標＝經營戰略（Strategy）

原書名 Original title
The Functions of the Executive

出版年 Publication year
1938

登場頁 Page
P56

彼得・杜拉克
Peter F. Drucker —【1909～2005】

企業的本質是公益團體，為客戶帶來價值、發揮員工生產性。

・《企業的概念》協助福特重建，但被通用視為禁書
・《管理實踐》明確指出企業和經理人存在的意義

原書名 Original title
Concept of the Corporation

出版年 Publication year
1946

登場頁 Page
P60

伊格爾・安索夫
H. Igor Ansoff ——【1918～2002】

企業透過戰略決定成長方向，管理事業投資組合。

・決定成長方向的「安索夫矩陣」
・To Be和As Is的「差距分析」

原書名 Original title
Corporate Strategy

出版年 Publication year
1965

登場頁 Page
P68

阿爾弗雷德・錢德勒
Alfred Chandler, Jr. ——【1918～2007】

組織和戰略關係密切，且組織難以變動。

・《戰略與組織》成為事業部組織的教科書
・杜邦透過事業部組織，成功實現多角化戰略

原書名 Original title
Strategy and Structure

出版年 Publication year
1962

登場頁 Page
P78

傑克・威爾許
Jack Welch ——【1935～】

戰略的執行很簡單，問題在於執行面！

・如果全球市占率不在前兩名就退出；事業縮小為三分之一
・1981～2001年擔任奇異公司的總裁

企業名 Campany
奇異電子

英文名 English name
General Electric

創立年 Founded
1892

角色 Role
前 CEO

登場頁 Page
P84

馬文・鮑爾
Marvin Bower ——【1903～2003】

要有自己是專家的認知。服務內容主要為組織變革諮詢。

・麥肯錫公司的實際創辦人
・活用調查，協助導入事業部組織

原書名 Original title
The Will to Manage

出版年 Publication year
1966

登場頁 Page
P88

肯尼斯・安德魯 Kenneth Andrews ——【1916～2005】

推廣制定戰略的步驟，視戰略為一種藝術。

- 透過SWOT分析，整理計畫步驟的「經營方略」
- 企業戰略並非機械式決策，而是一種「藝術」

原書名 Original title
Business Policy: Text and Cases

出版年 Publication year
1965

登場頁 Page
P96

菲利浦・科特勒 Philip Kotler ——【1931～】

行銷是研究・STP・MM・控制流程。

- 《行銷管理》將PLC等概念推向全球
- 以STP（區隔、目標、定位）為核心

原書名 Original title
Marketing Management

出版年 Publication year
1967

登場頁 Page
P106

布魯斯・亨德森 Bruce Henderson ——【1915～1992】

徵求高知識人才，經驗不拘，解開所有謎團！

- 闖蕩製造商和顧問公司的波士頓公司創辦人
- 「成長與市占率矩陣」（PPM）「經驗曲線」「持續增長方程式」

原書名 Original title
Henderson on Corporate Strategy

出版年 Publication year
1979

登場頁 Page
P118

約翰・克拉克森 John S. Clarkeson ——【1943～】

累積產量以倍數成長，每單位成本成比例下降。

- 從電視零件事業的專案中發現「經驗曲線」
- 從HBS畢業後，進入剛成立的BCG公司，最後登上總裁

企業名 Campany
波士頓顧問集團

英文名 English name
Boston Consulting Group (BCG)

創立年 Founded
1963

角色 Role
前 CEO

登場頁 Page
P120

理查・洛克瑞吉
Richard Lockridge

利用數值清楚呈現多數事業定位。

・「成長與市占率矩陣」區分金牛、明日之星、問題兒童、瘦狗四大類
・創造「優勢矩陣」的BCG天才顧問

企業名 Campany
波士頓顧問集團

英文名 English name
Boston Consulting Group (BCG)

創立年 Founded
1963

角色 Role
顧問

登場頁 Page
P124

詹姆斯・阿貝格蘭
James Christian Abegglen ——【1926～2007】

向日本企業學習！

・日本企業的成長祕訣為「終身僱用」「年功序列」「企業內部工會」
・波士頓顧問公司於東京開設辦事處，成為對日窗口

原書名 Original title
The Japanese Factory

出版年 Publication year
1958

登場頁 Page
P122

阿蘭・扎孔
Alan Zakon ——【1935～】

對本身事業有信心，就增加貸款。

・開發「持續增長方程式」
・從金融理論的大學副教授搖身一變為管理顧問

企業名 Campany
波士頓顧問集團

英文名 English name
Boston Consulting Group (BCG)

創立年 Founded
1963

角色 Role
前 CEO

登場頁 Page
P123

弗雷德里克・葛拉克
Frederick W. "Fred" Gluck ——【1935～】

強化戰略服務，所有員工進行為期1週集訓。

・轉換跑道的原導彈科學家
・繼羅恩・丹尼爾之後的最高負責人

企業名 Campany
麥肯錫公司

英文名 English name
McKinsey & Campany

創立年 Founded
1926

角色 Role
執行長

登場頁 Page
P130

大前研一
Ken-ichi Omae ——【1943～】

靠問題解決方法和思考速度一決勝負。

・「3C分析」——Customer・Competitor・Company
・與葛拉克協力強化麥肯錫公司的戰略服務

原書名 Japanese title
企業參謀（新裝版）

出版年 Publication year
1999

登場頁 Page
P133

馬可・波特
Michael E. Porter ——【1947～】

經營戰略是指經濟學上的定位。

・「五力分析」了解可獲利市場，「三大戰略」了解獲利位置
・以《競爭戰略》扳倒哈佛商學院一群老教授

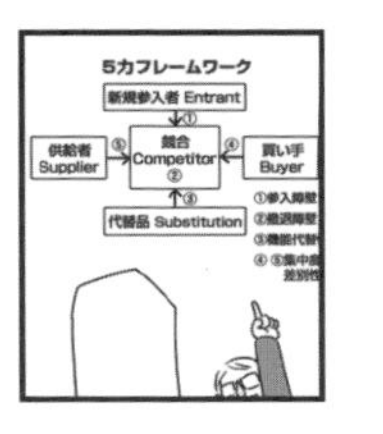

原書名 Original title
Competitive strategy

出版年 Publication year
1980

登場頁 Page
P138

本田宗一郎
Soichiro Honda ——【1906～1991】

不可能的技術和市場就是機會。

・利用本田小狼打入美國小型摩托車市場，再擴及中大型摩托車領域
・以CVCC引擎實現傲視全球的低排放量

企業名 Campany
本田技研工業

英文名 English name
Honda Motor

創立年 Founded
1946

角色 Role
創業者

登場頁 Page
P152

理查・魯梅特
Richard Rumelt ——【1942～】

本田不應該投入汽車業界……

・市場已呈飽和，還有龐大的優秀競爭對手
・本田沒有製造汽車的經驗，也沒有銷售管道

原書名 Original title
Strategy, Structure, and Economic Performance

出版年 Publication year
1974

登場頁 Page
P153

入交昭一郎
Shoichiro Irimagiri ——【1940～】

本田的經營與生產哲學「本田之道」適用全球。

・成功創立美國分公司HAM
・最年輕的幹部，本田的精英

企業名 Campany
本田技研工業

英文名 English name
Honda Motor

創立年 Founded
1946

角色 Role
副社長、HAM社長

登場頁 Page
P154

理查・帕斯卡
Richard Pascale ——【1938～】

本田沒有戰略，只是憑藉勇氣和經驗累積！

・本田不選擇歐洲而先進入美國，是因為美國是摩托車大國
・「本田效應」是西方人想為所有成功現象試圖給出的解釋

原書名 Original title
The Art of Japanese Management

出版年 Publication year
1981

登場頁 Page
P156

湯姆・彼得斯
Tom Peters ——【1942～】

超優良企業，其軟體S比硬體S卓越。

・「7S」汲取日本成功企業的經驗，說明美國同樣有優良企業
・離開麥肯錫公司，重複演講、調查、出版的循環

In Search of EXCELLENCE
Lessons From America's Best-Run Companies
Thomas J. Peters
H. Waterman

原書名 Original title
In Search of Excellence

出版年 Publication year
1982

登場頁 Page
P162

羅伯特・坎普
Robert C. Camp

標竿學習非常單純，就是向最佳典範學習。

・於全錄公司擔任標竿學習的負責人
・內部、競爭對手、機能、一般流程學習標竿

FUJI xerox
いざ！

原書名 Original title
Business Process Benchmarking

出版年 Publication year
1994

登場頁 Page
P168

赫伯・凱萊赫
Herbert D. Kelleher ——【1931～】

拒用業界人士，不受常理拘束的全新航空公司！

・西南航空的創辦人
・向印第五百取經，實現10分鐘一航班

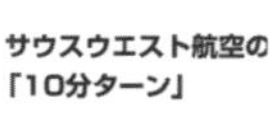
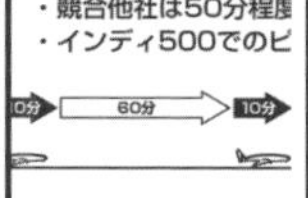

企業名 Campany
西南航空

英文名 English name
Southwest Airlines

創立年 Founded
1967

角色 Role
創辦人

登場頁 Page
P171

喬治・史托克
George Stalk Jr. ——【1951～】

縮短時間有助於差異化和降低成本。

・和湯瑪斯・郝特共著的《時間競爭戰略》十分暢銷
・著重時間而非成本

原書名 Original title
Competing Against Time

出版年 Publication year
1990

登場頁 Page
P176

麥可・哈默
Michael Hammer ——【1948～2008】

別邁向自動化，全部破壞殆盡！

・以徹底改革為目標的「企業再造」
・同時改變業務、資訊系統、組織、戰略

原書名 Original title
Reengineering the Corporation

出版年 Publication year
1993

登場頁 Page
P184

詹姆斯・錢辟
James A. Champy ——【1942～】

全力推廣企業再造！

・西恩指數顧問公司擴大規模20倍
・公司於1999年破產、清算……

原書名 Original title
Reengineering the Corporation

出版年 Publication year
1993

登場頁 Page
P184

湯瑪斯・戴凡波特
Thomas H. Davenport ——【1954～】

企業再造以失敗收場……

・企業再造提倡者之一
・被當成縮編事業與人事的工具，而非改革用途

原書名 Original title
Process Innovation: Reengineering Work Through Information Technology

出版年 Publication year
1992

登場頁 Page
P186

蓋瑞・哈默爾
Gary Hamel ——【1954～】

以核心能力管理發展事業。

・與企業收益相關的持續性競爭優勢能力
・倫敦商學院教授

原書名 Original title
Competing for the Future
(w/ C. K. Prahalad)

出版年 Publication year
1994

登場頁 Page
P190

C・K・普拉哈拉德
C. K. Prahalad ——【1941～2010】

核心能力是伴隨「機會」的「優勢」。

・本田的引擎、夏普的液晶技術、聯邦快遞的貨物追蹤能力
・密西根大學教授，哈默爾的恩師

原書名 Original title
Competing for the Future
(w/ Gary Hamel)

出版年 Publication year
1994

登場頁 Page
P190

理查・佛斯特
Richard Foster ——【1942～】

創新為雙重S形曲線。

・麥肯錫公司的研發專家
・從真空管轉換為電晶體，也發生過「主角更迭」。

原書名 Original title
Innovation: The Attacker's Advantage

出版年 Publication year
1986

登場頁 Page
P196

約瑟夫・熊彼特
Joseph Schumpeter ——【1883～1950】

創新正是景氣變動的原動力。

・「主角更迭」「金融機能的重要性」「企業家的角色」
・景氣循環理論不被接受

原書名 Original title
Theorie der wirtschaftlichen Entwicklung

出版年 Publication year
1912

登場頁 Page
P196

弗雷德里克・特曼
Frederick Terman ——【1900～1982】

不受知識束縛的人，才能帶領企業創新。

・創設培育創業家的史丹佛研究園區
・矽谷之父

企業名 Campany
史丹佛研究園區

英文名 English name
Stanford Research Park

創立年 Founded
1951

角色 Role
創辦人

登場頁 Page
P202

霍華德・史蒂文森
Howard H. Stevenson ——【1941～】

創業家不要拘泥於現有資源，盡量追求機會！

・使哈佛商學院成為最大的創業家培育機構
・以人才吸引投資，而非計畫

原書名 Original title
Getting to Giving: Fundraising the Entrepreneurial Way

出版年 Publication year
2011

登場頁 Page
P206

彼得・聖吉
Peter Senge ——【1947～】

創新是指創造全新知識的能力。

・企業循環的「系統」
・「心智模式」「自我掌控」「系統思考」「共同願景」

原書名 Original title
The Fifth Discipline

出版年 Publication year
1990

登場頁 Page
P210

野中郁次郎
Ikujiro Nonaka ——【1935～】

透過SECI模型不斷促進團隊中的知識創造。

・以隱性知識↓顯性知識、個人↓團體為主題的SECI模型
・開啟杜拉克主張的「知識社會」大門

原書名 Original title
The Knowledge-Creating Company

出版年 Publication year
1995

登場頁 Page
P211

傑恩・巴尼
Jay B. Barney ——【1954～】

善用資源，就能維持持續性的競爭優勢。

・能力學派理論的支柱，「資源基礎理論」領頭羊
・利用經濟學手法和VRIO理論分析

原書名 Original title
Gaining and Sustaining Competitive Advantage

出版年 Publication year
1996

登場頁 Page
P216

瑪格麗特・彼特拉夫
Margaret Peteraf

使「資源基礎理論」更具動態。

・利用「異質性」「不完全移動的可能性」「競爭前後的限制」取得優勢地位
・資源基礎理論的繼承者

原書名 Original title
Dynamic Capabilities Deconstructed

出版年 Publication year
2010

登場頁 Page
P216

本書根據2013年4月Discover21出版的《經營戰略全史》（繁體中文版譯名為《經營戰略全史：50個關於定位、核心能力、創新的大思考》，先覺出版）改編，經過大幅刪修改編為漫畫形式。

〈作者簡歷〉

三谷宏治

◎1964年出生於大阪，在福井長大。於東京大學理學院物理學系畢業後，在外商顧問公司服務，擔任波士頓顧問集團、埃森哲顧問公司的戰略顧問，經驗長達19年半。2003至2006年擔任埃森哲顧問公司的戰略部門總監，期間於歐洲工商管理學院（法國楓丹白露分校）取得MBA學位。

◎28歲時，一邊工作，一邊從事以社會人士為主要對象的教育工作；32歲起任職Globis管理學院講師。2006年開始轉入教育界，曾擔任出生地小學的家長會長，2008年起擔任金澤工業大學虎之門研究所教授，同時以「決策力」「發想力」「生存力」為題，於日本各地授課與演講，一年接觸1萬名以上的社會人士、孩童、家長和老師。目前除了擔任金澤工業大學虎之門研究所教授之外，也身兼早稻田大學商學院、Globis管理學院、女子榮養大學的客座教授，同時也是「放課後」與「3keys」的理事、永平寺家鄉大使。

◎著作包含《經營戰略全史》《你怎麼賣，比你賣什麼更重要：史上最強的70個商業模式》（以上皆先覺出版）《說話有邏輯，上司客戶聽你的》（三悅文化）《企鵝是怎麼開咖啡店？》（商周出版）等書。

劇本：星井博文
插畫：飛高　翔
內文設計：永井貴（トレンド・プロ）
編集協力：株式会社トレンド・プロ

經營戰略全史 確立篇

出　　版／楓樹林出版事業有限公司
地　　址／新北市板橋區信義路163巷3號10樓
郵政劃撥／19907596 楓書坊文化出版社
網　　址／www.maplebook.com.tw
電　　話／02-2957-6096
傳　　真／02-2957-6435
作　　者／三谷宏治
翻　　譯／趙鴻龍
責任編輯／江婉瑄
內文排版／楊亞容
港澳經銷／泛華發行代理有限公司
定　　價／320元
初版日期／2019年 9 月

國家圖書館出版品預行編目資料

經營戰略全史. 確立篇 / 三谷宏治作；趙鴻龍翻譯. -- 初版. -- 新北市：楓樹林, 2019.09　面；　公分

ISBN 978-957-9501-30-9（平裝）

1. 管理科學 2. 策略管理 3. 歷史

494.09　108008956